Historische Baumaterialien

Ratgeber für Entdeckungsreisen in den Süden

in Frankreich und Spanien

:*a*

Hochwassermauer in Châteauneuf-sur-Loire: Werksteine
und zweitverwendete Backsteine und Dachziegel.

Historische Baumaterialien

Ratgeber für Entdeckungsreisen in den Süden

in Frankreich und Spanien

René Freiherr v. Godin

EDITION :*anderweit*

Inhalt

Einführung

Mit dem Inhalt dieses Buch möchte ich allen interessierten Lesern
Anregungen geben, sich auf Streifzügen durch unsere westlichen
Nachbarländer über interessante Baumaterialien zu informieren
und deren regionale Besonderheiten kennen zu lernen. Zugleich
möchte ich Hinweise zum Einkauf durch Erfahrungen vermitteln,
die ich auf zahlreichen Reisen durch Frankreich und Spanien selbst
gesammelt habe.

Natürlich ist dieses Buch weder eine vollständige Darstellung
des französischen oder spanischen Marktes für gebrauchtes und
antikes Baumaterial, noch sollte man es als eine Art Vorschrift verstehen, wohin man reisen und wie man einkaufen soll. Der Handel
mit architektonischen Bauelementen, in Frankreich den *éléments
d'architecture*, in Spanien den *elementos clásicos de arquitectura*, entzieht sich
jeder Schematisierung; zu individuell sind die Materialien, die
angeboten und gesucht werden, zu unterschiedlich die regionalen
Voraussetzungen ihrer Bergung, Lagerung und Wiederverwendung.
Ganz abgesehen von der Mentalität derjenigen, die mit diesen Baumaterialien umgehen. Daher hängt der Erfolg für beide Seiten von
vielen Detailfaktoren ab.

Die Branche, die mit gebrauchtem Baumaterial handelt, ist in
Frankreich und Spanien noch jung. Früher landete wiederverwend-
bares Material bei den Handwerkern, den Maurern, Zimmerleuten,
Schreinern und Schmieden und wurde erneut für Neubauten und
Reparaturen eingesetzt; heute wird es unter Antiquitätenhändlern,
Trödlern, Schrotthändlern und dem allgemeinen Gebrauchtwarenhandel aufgeteilt. Einen Verband der Händler mit historischen Baumaterialien wie in Deutschland, wo der »Unternehmerverband für
historische Baustoffe e.V.« mit Sitz in St. Georgen im Schwarzwald
mit vielen Aktionen an die Öffentlichkeit geht, gibt es dort nicht.

Bedauerlicherweise fehlt es vielen deutschen Landsleuten an
der Sensibilität, sich auf die Umgangsformen der Franzosen einzu-
stellen, oder auch an der Freundlichkeit, mit welcher man einen

7

Zur mediterranen Ausstrahlung spanischer Gärten gehören Licht-
und Schattenspiel ebenso wie dekorative Gestaltungselemente.

Spanier dazu bringt, einem etwas zu zeigen. Mitunter sind Deutsche schon an ihrer Körperhaltung zu erkennen, mit der sie unbewusst ihre Unzufriedenheit mit Service und Auswahl signalisieren. Auch wenn der Händler gerade nicht die richtigen Dinge vorrätig hält, sollte man ihm ein Kompliment für die Sammlung an Material machen, ihm in Aussicht stellen, wieder zu kommen und sich freundlich verabschieden. In einer Fremdsprache lerne ich immer zuerst einige Höflichkeitsformeln wie »Haben Sie die Liebenswürdigkeit, mir zu sagen...« statt bloß »bitte«. Damit kommen Sie weiter, als in der Tarzansprache mit oder ohne »bitte« Forderungen zu artikulieren. Zumindest sollten Sie freundlich lächeln, wenn Sie nichts sagen können.

Angebot und Nachfrage bestimmen auch beim Handel mit antiken Baumaterialien das Geschäft. Das Angebot kann bereits knapp geworden sein, bevor sich ein Spezialmarkt entwickelt hat. Zwar kann man beobachten, dass in manchen Stadtvierteln viel abgerissen, verändert und renoviert wird. Aber ein kritischer Blick in die Mulden macht deutlich, dass sie sich heute bereits mit Materialien füllen, die aus den siebziger Jahren stammen.

Wie überall unterlagen in Frankreich und Spanien Häuser und Wohnungen einem ständigen Veränderungsprozess. Es fällt nicht nur in unser Jahrzehnt, dass man sich von überlieferter Bausubstanz trennt. Diese Entwicklungen sind jedoch nicht gleichförmig, sondern erfolgen in unterschiedlichen Zyklen. Es gibt Zeiten mit einem Überangebot und Perioden, in denen es nicht genügend Nachschub gibt. Die Händler müssen aber kontinuierlich leben. Ein Alteisenhändler in Spanien, der gestern noch schmiedeeiserne Tore angeboten hat, kann morgen bereits seinen Lagerbestand an einen Kollegen veräußert haben, jüngere Toranlagen hat er eventuell sogar verschrottet. Ich möchte daher niemand in eine abgelegene Gegend locken, wenn es dort nicht zuverlässig etwas zu finden gibt. Wer nicht die nötige Zeit für eine Entdeckungsreise durch diese Szene hat, sollte lieber die Plätze der Antiquitätenhändler ansteuern.

Ein Einzugsgebiet von etwa 100 Kilometern – möglichst auch mehr – ist der Umkreis, den ein Händler von gebrauchtem Material braucht, um außerhalb der Zentren leben zu können. In einem Land wie Spanien beispielsweise, wo Handarbeit noch bezahlbar ist und alte Traditionen lebendig sind, macht es wenig Sinn, eine

Gepflegtes Sortiment eines Bauantiquitätenhändlers

einfache Tür zu restaurieren, welche der nächste Tischler für den gleichen Preis und mit der gleichen alten Handwerkstechnik neu herstellen kann.

Ohne die vielen Flohmarkt- und Antiquitätenhändler, die die Materialien einem interessierten Publikum zuführen, wäre vieles längst nicht mehr vorhanden. An der spanischen Mittelmeerküste, wo sich viele deutsche und britische Erholungssuchende und Pensionisten niederlassen und ihre nordeuropäischen Vorstellungen in Bezug auf den Einfamilienhaus- und Villenbau mit Elementen spanischer Kultur vereinen, werden reihenweise alte spanische Häuser abgerissen. Ein direkter Zusammenhang ist zunächst nicht zu erkennen, denn die Nordeuropäer siedeln meist auf bisher unbewohnten Arealen, auf dem freien Feld, das sie erstmals »urbanisieren«.

Aber diese neu gebauten Häuser verändern die Wertestrukturen im regionalen Umfeld und die Wohnkultur in den Städten. Im

9

Das interessante Sortiment des Bauantiquitätenhändlers *Lebert-Antic* in Gondrecourt-le-Château mit dekorativen und seltenen Architekturdetails aus allen Epochen und Stilen. Eine Rarität sind die gusseisernen Feuertöpfe mit Deckel, die in nobleren Häusern auf einem Sockel platziert waren.

Süden haben viele Häuser einfacher Leute traditionell nur eine Grundfläche von 30 bis 50 m². Deswegen sind Wachstumszentren – wie um Alicante und an der Costa del Sol — gleichzeitig Auslöser für den Kahlschlag von alter spanischer Bausubstanz. So hat sich der beliebte Flohmarkt von Fuengírola bei Málaga ganz nebenbei als Produkt der Wechselwirkung von Spitzhacke und Aufbaufreude für historische Materialien etabliert.

Vieles können und müssen Sie selber entdecken und herausfinden. Ich möchte Sie jedoch nicht in fruchtlose Abenteuer locken und wie Sancho Panza durch Spanien irren lassen. Deshalb beziehen sich meine Ausführungen auf sicher erreichbare Gegenden, wo Sie immer etwas finden werden, und wohin wegen einer hohen Nachfrage brauchbares Material auch von weiter hergeschafft wird. In ganz Andalusien sind die Händler mit antikem Baumaterial in erträglichen Abständen zu erreichen; von Málaga bis Algeciras sind es zwar 120 km, aber dazwischen gibt es schon in Marbella Antiquitätenhändler mit einem interessanten Angebot.

Eine Einkaufstour in die klassischen Handelszentren Paris und Barcelona können Sie stets spontan unternehmen. In diesen Städten ist immer etwas zu finden; eine große Vorbereitung erscheint mir deshalb nicht erforderlich. Wer eine Reise über diese Zentren hinaus plant, wird von den folgenden Ausführungen profitieren.

René Freiherr v. Godin, LL.M.Eur. D.E.A. d'Histoire
Estepona, im März 2000

Badewanne aus Kupfer aus dem 19. Jahrhundert, außen poliert und innen neu vernickelt, eine Rarität der Pariser Firma *SBR Paris – Salles de Bains »Rétro«*, die sich auf Antiquitäten rund um das Bad spezialisiert hat.

Statue einer Mutter mit Kind bei *Crouen, Matériaux Anciens* in Durtal/Loire,
die in vielen gepflegten Gartenanlagen ihren Platz finden könnte.

Bautraditionen

in Frankreich

und Spanien

Bautraditionen unterscheiden sich in den verschiedenen Ländern durch die regional verfügbaren Baustoffe und durch die Vielfalt von Bauweisen, die sich durch klimatische und kulturelle Besonderheiten entwickelt haben.

Der Liebhaber und Sammler alten Baumaterials muss sich immer wieder fragen, was er eigentlich sucht. Wer in Deutschland eine alte Fachwerkkate oder eine Jugendstilvilla restaurieren will, wird sich das Material dazu kaum in Frankreich oder in Spanien beschaffen. Wenn Sie einen bayerischen Vierkanthof in seinen Urzustand zurückversetzen möchten, werden Sie dort Handwerker suchen, die neue Fenster nach der regionalen Bautradition anfertigen, die hinsichtlich Material und Sprosseneinteilung dem Original entsprechen. Fenster aus dem Mittelmeerraum sind hier fehl am Platze. Ich gehe also davon aus, dass der Liebhaber alten, mediterranen Baumaterials damit weniger seine Immobilie in Deutschland restauriert, sondern eher Teile aus vergangenen Epochen in sein modernes Haus einfügt, ganz gleich, wo es steht.

Vielleicht besitzen Sie selbst ein Grundstück in Frankreich oder in Spanien und möchten dort ein Haus mit landestypischen Architekturelementen und Baumaterialien verschönern. Oder Sie wollen mit historischen Komponenten in einem modernen Haus Akzente setzen. In diesem Fall wird Ihnen dieses Buch besonders nützlich sein. Ich habe zum Beispiel im Privathaus eines französischen Fabrikanten schwere Eichentüren gesehen, die ihre Funktion in gläsernen Wänden erfüllten. Gigantischer konnten diese alten Türen nicht zu Ehren kommen.

Dieser Raum mit hölzernen Wandvertäfelungen, den französischen *boiseries*, einem Kamin aus rotem Marmor mit Trumeau-Aufsatz mit Spiegel sowie Tafelparkett aus edlen Hölzern aus dem Ende des 18. Jahrhunderts stellt für viele den Traum französischer Wohnkultur dar.

Boiseries und Kamin mit Trumeau

Wenn Sie auf der Suche nach außergewöhnlichen Baumaterialien und Architekturelementen sind, die in den Bereich der Antiquitäten gehören, beschränkt sich deren Fundort nicht nur auf Baumaterialhändler. Wo aber liegt die Grenze zwischen einem alten Möbelstück und einer *façade de placard* als Architekturelement nach französischem Verständnis? Dort besteht eine *façade* aus zwei hintereinander liegenden Türen, die Teile einer Wandvertäfelung oder eines Wandschranks sind.

Ähnliches gilt für die alten spanischen Fenster. Was früher einmal ein schlichtes Bauelement war, ist heute eher eine innenarchitektonische Besonderheit. Viele Fenster in Andalusien haben keine verglasten Fensterflügel, sondern bestehen aus einem vergitterten Fensterrahmen und beweglichen Holzklappläden, die bei Bedarf geöffnet und geschlossen wurden. Niemand wird sich in Deutschland so etwas heute als »Fenster« einbauen wollen, und auch für viele Spanier ist dies keine Alternative mehr zu modernen Fensterkonstruktionen mit beweglichen Glasflügeln. Aber wer diese alten Konstruktionen auf einem Flohmarkt oder bei einem Antiquitätenhändler findet, wird den Wert solcher Bauteile zu schätzen wissen, die in ganz einfacher Ausführung weit davon entfernt sind, das Prädikat »Kulturgut« in Anspruch zu nehmen.

Vorab einige Hinweise auf regionaltypische Bauweisen, deren Kenntnis es Ihnen ermöglicht, Ihre Streifzüge durch Frankreich und Spanien gezielter zu planen.

Das französische »maison de maître«

Lassen wir einmal die schlichten Häuser auf dem Lande und in den Städten außer Betracht, die oft nur aus dem einfachsten Material zusammen geschustert worden sind, das beim Bau dieser Häuser vielleicht schon recyceltes Material war. Aber Sie sollten etwas von der Bauweise der handwerklich und stilistisch anspruchsvolleren Bürgerhäuser, Landsitze und Stadtpalais im Süden verstehen, um die Herkunft und die Nützlichkeit eines isoliert vorgefundenen Bauelements besser einordnen zu können

Das populärste Haus Südfrankreichs in den vielen Straßendörfern und Marktflecken ist das *maison de maître*. Es hat eine einfache Straßenfront, zu der es sich mit einem sehr großen Portal und separat mit einer kleinen Türe öffnet. Hinter dem großen, meist zweiflügeligen Portal, in dessen einem Flügel oft noch eine kleine Durchgangstür eingearbeitet ist, befindet sich eine Halle. Dort hatte der *maître* sein Lager, seine Produktionsstätte oder seine Fahrzeuge stehen. Das Stockwerk über dieser riesigen Halle wird durch eine starke Balkenkonstruktion getragen.

Hinter der kleinen Türe befindet sich ein Treppenhaus, das in die obere Etage führt, wo der *maître* mit all dem Komfort der französischen Zivilisation vom einfachen Bürgertum an aufwärts wohnte. Vom Salon aus führte meist eine weitere Treppe ins Dachgeschoss.

15

Die Kombination von Holz, Terracotta und Stein schaffen eine stilvolle Umgebung. Eine zur Kunstgalerie umgebaute Scheune im Département Var bei Carcès, bei der die unverputzten Wände mit den sichtbaren Sparren und der traditionellen Dachunterdeckung aus leicht gebrannten Ziegeln und die antiken Terracottabodenplatten ein harmonisches Bild ergeben.

Der raumhohe Kamin mit Aufsatz – ein *Cheminée à Trumeau Louis XIV* – steht
in Gondrecourt-le-Château seit 1680 am gleichen Ort. Interessant die Kombination von großformatigen Terracottaplatten und Mosaikeinrahmung.

Zum französischen Wohnkomfort gehört in aller Regel bis heute ein Kamin, der dem Salon die periodisch notwendige Wärme ver-
schafft. Teilweise sind diese Kamine sehr groß und bieten in ärme-
ren Gegenden in ihrem Inneren Platz für mehrere Personen. Hier
versammelten sie sich in den allerkältesten Tagen, gleichsam wie
um ein Lagerfeuer herum.

Ein Kenner dieser vergangenen Zeiten weist den interessierten   **17**
Besucher auf Halterungen im Inneren der Kamine hin, an denen
für diese Zeit ein Vorhang angebracht wurde, damit die vorhandene
Wärme über die Nacht erhalten blieb.

Die schöne Eichentreppe, die sich in diesem *Maison de Maître* über zwei
Etagen wendelt, besitzt sehr feine, gusseiserne Stäbe und stammt aus dem
19. Jahrhundert. Ebenfalls noch original ist die aufwendige und dekorative
Malerei im Treppenhaus.

Wenn solche Häuser abgerissen werden, lassen sich Dielen und Deckenbalken aus Holz, aber auch Treppen aller Art bergen, natürlich auch eine Außentreppe, die von der ersten Etage auf der Gartenseite des Hauses in den *jardin* führte. Viele Türen, die unsere Zeit noch erleben, sind aus Eiche (frz. *chêne*, span. *roble*). Aus solchen Häusern stammen die vielen Balustraden, die *balustres*, die in älteren Zeiten aus Sandstein geschnitten wurden und heute, besonders für die Feriensiedlungen in Spanien, aus Beton und Steinmehl als *pierres composites* gegossen werden.

18

Natürlich könnte man aus einem solchen Haus auch Terracottaböden bergen, nur sind diese alten Bodenbeläge schon sehr lange bei Händlern Jagdobjekt für die Patinierung von Neubauten und daher kaum mehr von privat zu finden. Als Dachunterdeckung gibt es sehr weich gebrannten Ziegelsteine, die französischen *fenilles*, die jedoch für Fußböden nicht geeignet sind; mit ihnen lassen sich aber schöne Wandverkleidungen gestalten. Den Abrieb kann man durch eine spezielle Oberflächenbearbeitung mindern.

Kreuzgang des ehemaligen Zisterzienserklosters *De la Huerta* nordöstlich von Madrid in Richtung Saragossa. Dieser lichtdurchflutete, repräsentative Säulenumgang mit begrüntem Innenhof findet sich in der Bauweise des andalusischen Herrenhauses *Cortijo* wieder.

Insgesamt ist das französische *maison de maître* in der Raumaufteilung sehr zweckmäßig. In Frankreich suchen daher viele vermögende Leute fieberhaft nach günstig gelegenen Objekten, weil man in einem solchen Haus sowohl praktisch als auch »feudal« leben kann. Die Stadt Montpellier hat neuerdings diese Bauweise wieder entdeckt und baut solche Häuser für selbständige Handwerker in speziellen kleinen Gewerbegebieten.

Das spanische Landhaus »Cortijo«

19

In Spanien betritt man das vergleichbar populäre Stadtpalais durch einen Innenhof, den *patio*, der von der Straße durch ein riesiges Tor abgetrennt ist. Im Gegensatz zum französischen Haus fehlt aber oft der separate Eingang zu der Wohnung, so dass jeder, der mit den Herrschaften des Anwesens in Kontakt kommen will, diesen Hof betreten muss.

Der meist quadratische Innenhof mit einem Säulenumgang ist im Prinzip wie der Kreuzgang eines Klosters angelegt. Das Zentrum liegt unter freiem Himmel und ist meist gärtnerisch gestaltet, oft mit einem Brunnen in der Mitte. Dies ist eine äußerst sinnvolle Bauweise, denn um diese Freifläche herum gibt es einen gedeckten Rundgang; das Wasser der nach innen geneigten Dachflächen wird hierher abgeleitet: im Süden kann es gewaltige Regengüsse geben. An der Hofinnenseite wird das Dach durch Säulen getragen.

Um den Innenhof liegen ebenerdig verschiedene Räumlichkeiten, die früher Ställe gewesen sein mögen, heute aber nach dem Umbau meist als Büros dienen. Eine Treppe führt von hier in ein oberes Stockwerk, das ebenfalls mit einem Rundgang um den Hof angelegt ist. Dadurch liegen alle Zimmer nach außen, weshalb das eigentliche Haupthaus mit den Wohn- und Schlafräumen an der der Straße gegenüberliegenden Seite errichtet wird.

Wird ein solches Anwesen demontiert und in seine einzelnen Baumaterialien und Architekturelemente zerlegt, lassen sich zunächst die vielen Säulen, die spanischen *columnas* bergen, aber auch Türen, *puertas*, oder glasierte Wandfliesen, die *azulejos*, oder Bodenplatten aus Stein oder Terracotta, die *losas*. Allerdings gibt es weit weniger und deutlich kürzere Deckenbalken, *viga de techo*, als beim französischen *maison de maître*, da die große Halle fehlt. Man kommt wegen des offenen *Cortijo* mit deutlich kürzeren Spannweiten bei den Geschossen aus; oft wurde das obere Stockwerk über Gewölben errichtet. Die Firstlinie beim spanischen Haus liegt meist über einer extrem starken Mauer, so dass die Dachkonstruktion von drei Mauern getragen wird.

Sowohl an der inneren als auch an der äußeren Fassade haben die Häuser in Spanien oft in allen Geschossen Fenster und Balkone, die nicht nur Brüstungen aufweisen, wie dies in Deutschland üblich ist, sondern korbmäßig übergittert sind. Dies dient dazu, dass man die Fenster öffnen und Luft im ganzen Anwesen zirkulieren lassen kann, ohne dass man befürchten muss, dass jemand einsteigt. Auch das Haustor kann man zur Lüftung offen lassen, wenn sich dahinter ein entsprechend großes Eisengitter befindet.

Das spanische Haus ist praktisch; viele Urlauber bauen sich heute Villen im *Cortijostil*, wobei hier der Innenhof unmittelbar in den Salon übergeht. Das ist eine gewisse Dekadenz, denn in dem traditionellen spanischen *Cortijo* spielte sich nur der geschäftliche Teil des sozialen Lebens der Familie ab, während das Privatleben abgeschirmt im Salon eine Etage höher stattfand.

Das Klima südlich von Lyon erlaubt es, die Hälfte des Jahres im Freien zu verbringen. Zu südfranzösischen und spanischen Häusern gehören deswegen mediterran gestaltete Gartenanlagen mit Schatten spendenden, verschwenderischen Anpflanzungen, bewegt glitzerndes oder ruhendes Wasser in Brunnen und Becken sowie dekorative Architekturelemente aus Stein und Marmor oder häufiger als in Deutschland gemauerte Gewächshäuser, die *orangeries*, mit ihren großen Rundbogenfenstern. Dekoratives Gartendekor wie Bänke und Säulen, Vasen und Figuren sind somit im Süden weniger etwas Feudales und Besonderes als in unserer Klimazone. Deshalb werden solche Bauelemente, die *auges* und *pilas*, die *fontaines* und *fuentes*, sehr oft im Antiquitätenhandel angeboten.

Handwerklich bearbeitete Baumaterialien und Bauelemente

Insgesamt gesehen sind Länder wie Frankreich und Spanien reich an den von uns so geschätzten, individuell gearbeiteten Baumaterialien, denn im Süden hat handwerkliche Arbeit ihren Platz im

Wirtschaftssystem viel länger eingenommen als bei uns. Zahlreiche Handwerkstraditionen sind dort heute noch lebendig.

Backsteine, Dachziegel und Bodenfliesen   Noch immer fertigt man überall in Spanien Backsteine von Hand in kleinen, keramischen Werkstätten, und zwar ohne Aufpreis in den vom Bauherrn gewünschten individuellen Abmessungen. Dieser neu angefertigte Stein kostet nicht viel mehr als der Originalziegel, der aus Rückbau geborgen, gereinigt und gelagert wurde.

Besonders vielfältig sind keramische Schmuckelemente für die Dächer, die nach alten Vorbildern getöpfert und farbenfroh glasiert werden. Es gibt nicht nur die auch bei uns üblichen Dachspitzen, Kugeln und Figuren, sondern auch keramische Regenrinnen, Wasserspeier und Fallrohre, die in Deutschland aus klimatischen Gründen eher unbekannt sind.

21

Bei der **Rajoleria Artesana Piñol Pallarés**, einer keramischen Werkstatt in El Perelló, kostete ein Backstein 1998 z. B. etwa 40 Pesetas,

In der keramischen Werkstatt von *Piñol Pallarés* in El Perelló werden in der *Rajoleria Artesana* nach überlieferter Handwerkstradition Terracottaplatten und Dachziegel gefertigt, das beste Umfeld, um gleichzeitig antike Baumaterialien wie Säulen, Brunnen und Gartenvasen zum Verkauf anzubieten.

hat die gewünschten Maße und ist aus dem gleichen Material wie die bei uns maschinell gefertigten Steine. Der Ziegler wird mit seiner Handarbeit aber deshalb nicht reich, weil das Interesse an seiner Arbeit heute wesentlich geringer ist als anno dazumal.

Behauene Natursteine   In Spanien gehören behauene Natursteine als Bögen, Einrahmungen, Säulen und Statuen zur Bautradition. Sie werden immer wieder zu Reparaturzwecken hergestellt, weshalb viele alte Gebäude sehr gut erhalten aussehen. Dass bei uns in Deutschland weniger Natursteinmaterial im Handel ist, rührt unter anderem daher, dass hier heute weitaus weniger Steinbrüche zugelassen sind als z. B. in Frankreich, Spanien oder Italien.

Kamine und Öfen   Offene Kamine nehmen unter den französischen Bauelementen eine bedeutende Rolle ein. Viele der französischen Antiquitätenhändler, die sich auch mit edlen Architekturdetails beschäftigen, sehen in ihnen den eigentlichen Gegenstand ihrer Branche. In eine alte französische Villa gehörte nun einmal ein eleganter oder ein gigantischer Kamin; Öfen – aus Gusseisen oder Kacheln – waren (und sind) dagegen weniger verbreitet. Daher können deutsche Käufer unter Umständen günstig Fayence-Öfen erwerben, am besten stehen die Chancen im benachbarten Elsass.

Türen und Fenster   In Deutschland hat die industrielle Umstrukturierung gerade bei diesen Bauelementen die Tischler- und Schreinerarbeit immer mehr auf den Einbau industriell gefertigter und genormter Türen und Fenster zurückgedrängt. Nur noch selten werden sie individuell vom Tischler aus Holz gefertigt, sondern aus vorgefertigten Bauteilen aus Kunststoff und Metall zusammengebaut – in Spanien aber entstehen sie zum Großteil sehr wohl noch in handwerklicher Einzelarbeit.

Wer sich für alte französische Türen aus der vorletzten Jahrhundertwende interessiert, sollte sich nach Doppeltüren umsehen, die als Teil der hölzernen Wandvertäfelungen in Zwischenwände wie ein Wandschrank eingebaut wurden. Aber Achtung: Französische zweiflügelige Türen sind meist wesentlich schmaler als deutsche Türen. Dies kann den kleinen Durchgangsverkehr mit Tabletts und Gepäck behindern.

22

Einfache Fenster aus südlichen Regionen sind für deutsche Verhältnisse mit ihrem häufigen Nieselregen und ihrer hohen Luftfeuchtigkeit im Außenbereich in der Regel unbrauchbar. Eine Ausnahme bilden lediglich die Fenstergewände aus behauenem Stein, die ähnlich wie die süddeutschen Fenster an Putzbauten einen prächtigen Rahmen abgeben können.

Gitter und Zäune aus Schmiedeeisen   Bereits die Römer bezogen ihren Stahl aus Spanien, dessen reiche Eisenschätze auch die Phönizier und Karthager ausgebeutet hatten. Deshalb ist dieses Land auch heute noch reich an schmiedeeisernen Bauelementen. Von alters her wurde rotglühendes Eisen durch Hammerschlag geplattet, verlängert, verbreitert, gespalten oder ornamental in Windungen und Ranken gestaltet, also geschmiedet. Oder es wurden im Feuer zwei getrennte Eisenstücke durch Zusammenhämmern miteinander verschweißt. Besonders dekorativ sind alte spanische Gitter, bei denen kantige, aber auch runde, profilierte oder gedrehte Längsstreben durch gespaltene Querstreben geführt wurden und daher wie ein Geflecht wirken.

23

Mittelalterliche Fenstereinrahmung aus Stein mit gotischem, angestochenen Profil und einem geschmiedeten, fünfteiligen Gitter, das in die Werksteine eingelassen ist. *Olivier Quentin* in Charmoy, südöstlich von Paris an der Route Nationale 6, birgt und restauriert solche Architekturelemente aus Granit.

Arles, Altstadt am Hafen 1955: Die flach geneigten mediterranen Dächer dieser lebendigen Altstadt sind mit den *tuiles rondes*, den römischen Dachziegeln
eingedeckt. In Spanien bezeichnet man diese Dachdeckung als *tejado árabe*.

Bauentwicklung: Ein kontinuierlicher Prozess?

Es gehört zur Entwicklung einer jeden lebendigen Stadt, dass alte
Häuser abgerissen und durch neue ersetzt werden. Weil von der
Logik her die alten Häuser stets durch bessere ersetzt werden, ist
z. B. Frankreichs Metropole in ihrer Bauvielfalt immer schöner geworden. An Lebendigkeit hat Paris dadurch nicht verloren, weil die
Stadt, mit einem Urwald vergleichbar, in ihren Straßen das Neben-
einander der unterschiedlichsten Gebäude zugelassen hat.

Sehr viele der typischen Pariser Vorstadthäuser, die im Bauboom
der Industrialisierung errichtet wurden, ergeben heute im Straßen-
bild jedoch kein schönes Ensemble. Sie müssen dem Neubau ren-
tablerer Häuser weichen, denn einige der extrem schmalen und
wenig Wohnkomfort bietenden Häuser mögen zwar 150 Jahre alt
sein, aber deren Erhalt nützt niemandem etwas; sie vermitteln auch
einem Verfechter für den Erhalt alter Bausubstanz kaum einen
Reiz.

Beim Abriss solcher alten Häuser wurde ich jedoch Zeuge, wie der Bagger herrliche, kantig behauene Steine aus dem Boden grub. Werksteine, die wir später auf dem Lagerplatz eines Baustoffhändlers in Unkenntnis der Dinge vielleicht als schmucke Fassadenecksteine ansehen würden; sie hatten in Wirklichkeit nur unter der Erde als Fundamentsteine gedient. Es gibt davon in Paris so viele, dass sie dort keine Besonderheit darstellen und daher entsorgt werden wie bei uns Abrissmaterial aus Betonbruch.

In Städten wie Montpellier oder Málaga liegen die Verhältnisse anders. Im Unterschied zu Paris gab es dort keine kontinuierliche Bauentwicklung. Nach einer Blütezeit, die schon viele Jahrhunderte zurückliegt, war in diesen Städten die Zeit still gestanden – bis der Fortschritt sie wieder einholte. Es fehlen dort die Häuser, die vor 100, 80, 60 und 40 Jahren ältere Bausubstanz ersetzt hätten. Wird eine solche Stadt plötzlich mit den modernen Zivilisationsansprüchen der Gegenwart konfrontiert, verändert sie sich explosionsartig und gnadenlos. Auf einmal reißt man alle alten, nicht mehr brauchbaren Häuser eines ganzen Straßenzuges ab, um an ihre Stelle ein einziges neues großes Haus zu setzen. Es fehlen jene Gebäude, die bei einer kontinuierlichen Entwicklung ein lebendiges Stadtbild ergeben hätten.

Mit Wehmut betrachtet man daher die zerfallenden Gebäude in der Altstadt von Málaga, die trotz ihrer Individualität und handwerklichen Bausubstanz kaum Chancen haben, erhalten zu bleiben. Ich habe dort viele Balkone und Fenster fotografiert, die in allernächster Zeit vermutlich auf den *Rastros*, den spanischen Flohmärkten, angeboten werden.

Gleiches gilt für die ländlichen Regionen. Spanien hat nicht von einer kontinuierlichen Entwicklung profitieren können. Diese Landschaften mit ihren traditionellen Bauten wurden erst kürzlich von den Europa-Behörden als förderungswürdig entdeckt; sie finanzieren nunmehr die Normierung der Landschaften täler- und hügelweit zum Zweck der Anpflanzung von monotonen Olivenplantagen. Die Kulturlandschaften hat man unrettbar ruiniert, lange bevor der erste *Cigano* begonnen hatte, herumliegende Holzfenster aus einer abgerissenen Hofstelle für den nächsten Flohmarkt einzusammeln.

Historische Baumaterialien

oder Antiquitäten

für das eigene Heim?

Der Unterscheidung zwischen »antikem« oder »historischem Bau-material« und einer »Antiquität« erfolgt in Frankreich und Spanien anders als bei uns. Die Grenze zwischen Bauantiquitäten und anti-kem Baumaterial möchte ich daher in diesem Buch nicht nach den Gesichtspunkten des Alters von mehr als 100 Jahren ziehen, son-dern sozial und handwerklich-stilistisch differenzieren.

Handelt es sich um einen Baustoff oder um ein Bauelement, das aus den Häusern wohlhabenderer Kreise, insbesondere des Adels, der Kirche oder des reichen Bürgertums stammt, und hat es in der Materialwahl und Bearbeitung den Charakter eines Kunstwerks, so sollte es als eine Bauantiquität bezeichnet werden. Ein solches Architekturelement ist heute bei gut situierten Mitgliedern der modernen französischen Gesellschaft ebenso begehrt wie früher und hat dadurch seinen Preis.

Stammt dagegen das Material aus einem Haus der restlichen 98 Prozent des Volkes, insbesondere aus der Landwirtschaft, dann handelt es sich nach der Bergung je nach Alter um ein antikes, historisches oder auch nur gebrauchtes Baumaterial. Solche Bau-stoffe kann man auf vielen Trödelmärkten und bei den *Brocantistes* an den Nationalstraßen aufstöbern. Hierzu zählen Fenster und Türen, Backsteine und Dachziegel, aber auch Brunnen und Becken.

Wiederverwendung von Baumaterialien

Während die Wiederverwendung von Baustoffen für Reparatur und Neubau überall eine lange Tradition hat, nahm der gewerbsmäßige Handel mit historischen Baumaterialien zunächst in den technisch

Diese Becken aus Stein und Marmor finden Sie in südlichen Ländern in vielen Ausführungen und Abmessungen.

Marmor – Marbre – Mármol – Berührung weckt Erinnerungen

fortgeschrittenen Ländern seinen Anfang, nachdem immer mehr noch funktionsfähige Bausubstanz abgerissen wurde; in Deutschland entwickelt sich insbesondere seit den siebziger Jahren des letzten Jahrhunderts der Trend, wieder über eine Zweitverwendung der Baumaterialien nachzudenken. Denn das für die abgerissenen Häuser verwendete Material war noch gar nicht »verbraucht«, die Entsorgung auf den Deponien war teuer, und unter ökologischen Aspekten war es eine Verschwendung von Ressourcen. Gleichzeitig hatte man entdeckt, dass dieses Material gerade durch sein Alter und durch die Spuren seines Gebrauchs im Laufe der Zeit Patina bekommen hatte, die als Kontrast zu den modernen und glatten Baustoffen ihren eigenen Charme aufwies. Kachelöfen und Türbeschläge fanden bevorzugt neue Liebhaber.

Die Entwicklung in Spanien war dagegen anders verlaufen. Hier war in den vergangenen Jahrhunderten die überall lebendige Handwerkskunst noch nicht durch den industriellen technischen Fortschritt verdrängt worden. Baumaterialien wurden erst dann ausge-

Auf diesem spanischen Flohmarkt finden Sie viele Türen und die berühmten Balkongitter, die *rejas,* die beim Abriss der zu sanierenden Altstädte aus den Mulden gerettet werden und auf ihre Wiederverwendung warten.

tauscht, wenn sie ihre natürliche Lebensdauer erreicht hatten. Die unbrauchbar gewordenen Fenster in einem alten Haus wurden stets durch neue, handwerklich in gleicher Art angefertigte Fenster ersetzt. Reparaturen am Haus gehörten zu der lebendigen Bautradition, nur selten wurde daher die Frage stellte, ob das Haus abgerissen werden sollte. Deshalb wurde aus spanischer Sicht altem Baumaterial ursprünglich kein besonderer Wert zugemessen, denn man konnte davon ausgehen, dass es vor dem Abriss des Gebäudes bereits unbrauchbar geworden war.

Dieses Prinzip der Reparatur statt Abbruch prägte auch das Wachstum vieler Städte. Immer wieder baute man neue Stadtviertel an die bestehenden Städte an. Ein schönes Beispiel hierfür ist La Habana auf Kuba, wo an die Altstadt aus dem 18. Jahrhundert das Zentrum westlich davon um die Jahrhundertwende angebaut und noch weiter westlich in der Zwischenkriegszeit Vedaldo aufgebaut wurde. Bei den spanischen Städten des Mutterlandes ist dies im Prinzip nicht anders.

Aus dieser Logik heraus kann es in Spanien mit Ausnahme der Handelszentren nur wenig spezialisierte Händler mit historischen Baustoffen und -elementen geben, sondern eher Händler für Architekturantiquitäten. Es lohnt sich also eher, in Spanien Antiquitäten zu kaufen als das übliche Baumaterial – dieses ist in den meisten Fällen einfach zu schlecht. Eine Familie in Not verkauft z. B. ein repräsentatives Portal von der Einfahrt ihrer Domäne, um bescheidener aufzutreten und die Mittel anders verwenden zu können; das Angebot von noch funktionsfähigen Türen wird dagegen eher gering sein.

Dasselbe gilt auch für die bei uns so begehrten Terracottaplatten, die zunächst den Zweck haben, einen ebenen Fußboden zu bilden. In Spanien werden Terracottaplatten immer noch hergestellt. Die Hausbesitzer reißen irgendwann die alten Platten heraus, teils, weil die alten abgetreten sind, teils weil der Unterbau sanierungsbedürftig ist – und setzen identische Muster neuer, aber baugleicher Platten ein. Die alten Fliesen werden anderweitig verwendet oder weggeworfen oder verkauft. Die Spanier wohnen nach dem Materialtausch wieder auf neuen Platten, die in 30 oder 50 Jahren vielleicht wieder als antik gelten könnten.

Außerhalb der Landesgrenzen fanden diese entsorgten Bodenbeläge wegen ihrer rustikalen Ausstrahlung und ihrer Patina schnell Liebhaber bei Freunden von Countrystyle und individueller Wohnkultur. Die Platten wurden jedoch ganz neu und immer wieder anders zu Flächen zusammengesetzt. Das Umfeld der Räume und deren Anforderungen hatten sich völlig verändert. Durch lebhafte Nachfrage haben diese alten Terracottabodenplatten inzwischen einen hohen Marktwert erhalten. Französische Händler kaufen alles auf, was in Spanien noch angeboten wird. Vieles davon wird dann in Houdan versteigert, der Hochburg für den Handel antiker Baustoffe in Frankreich.

30

Die Wertschätzung historischer Baumaterialien

Die unterschiedliche Wertschätzung von Baumaterialien und Antiquitäten kommt in der Verschiedenheit der Lebensart zum Vorschein, die aus deutscher Sicht auch als Wohlstandsgefälle interpretiert werden kann: Eine Eingangstür zu einem typischen Haus in Andalusien, als einfache Brettertür mit Gratleisten gebaut, ist

Das Farbenspiel der antiken Terracottaplatten in diesem Wohnraum entsteht durch die farblich unterschiedlich brennenden Tone sowie durch die Licht- und Schattenwirkung der Verlegung und die durch das Alter und die Abnutzung bedingte Patina.

Toledo, markante Silhouette in der Weite Zentralspaniens, ist als eine der ältesten Städte Spaniens reich an berühmten Bauwerken aus seiner maurischen und christlichen Vergangenheit. Auf dem höchsten Punkt wurde an die Stelle eines römischen Kastells die Festung Alcázar errichtet. Eine Hochfläche aus Granit umschließt auf drei Seiten das schluchtartige Tal des Tajo und lieferte das regionale Baumaterial für Kirchen, Brücken und Gebäude.

für deutsche Maßstäbe mit Sicherheit ohne Veränderungen nicht zu verwenden.

Die meisten Architekturelemente, soweit sie nicht reiner Zierrat sind, haben einen Bezug zum Klima, zur Lebensart der Bewohner eines Anwesens oder zu deren Sicherheitsbedürfnissen. In Spanien übergitterte man Fenster und Balkone gerne vollständig, weil man wegen des Klimas die Fenster offen ließ. Um sich vor unerwünschten Besuchern zu schützen und möglichst viel Luftzirkulation zu ermöglichen, kam es zu teilweise sehr großen, käfigartigen Eisenkonstruktionen. Diese wirken in Deutschland exotisch, aber die jüngste Entwicklung der Einbruchsrate verleiht diesen Bauelementen auch hier einen neuen Sicherheitswert. Die Preise für ein solches Balkongitter bewegen sich in Spanien je nach Größe, Erhaltungsgrad und historischem Wert zwischen 100 und 1000 Mark. Es handelt sich sowohl um geschmiedete als auch um gusseiserne

Gitter, wobei letztere trotz ihrer industriellen Fertigung auch schon wieder antik wirken.

Kaufempfehlung

Kein Geringerer als General de Gaulle sagte den Deutschen nach, dass sie zwar gewaltige Baumeister seien, aber leider keinerlei Geschmack besäßen. Wie gut ist es, dass sich über die Begriffsauslegung von Geschmack streiten lässt! Aber man kann dem General zugestehen, dass jedes im südlichen Ausland erworbene Architek-

Original sind Stufen und Wangen dieser Steintreppe, die einst in den Garten eines herrschaftlichen Hauses führte, während die Becken links davon neu nach alten Vorbildern gestaltet wurden. Die Bohrkerne im Vordergrund können bei der Gartengestaltung phantasievoll arrangiert werden.

turelement – sofern es in der richtigen Umgebung ist – dem Heim
in Deutschland einen individuellen Akzent verleihen kann. Schon
eine ganz gewöhnliche französische Mauer, an den Ecken aus Hau-
steinen, *pierres taillies*, von den Steinbrüchen der näheren Umgebung angefertigt und dazwischen mit normalen Feldsteinen, *pierres
sèches*, oder auch Backsteinen, *briques*, ausgemauert, verleiht jedem
Bauwerk ein besonderes Flair.

Auf die Frage, was man denn in Frankreich und Spanien suchen
könne und kaufen solle, rate ich zunächst, sich eine Vorstellung
von dem zu machen, was man wirklich gebrauchen kann. Benötigt
man eigentlich gar nichts mehr, so sollte man sich fragen, welche
Bauteile man alternativ, das heißt in einer anderen Funktion nutzen könnte. Ich verwende Gitter für den Bau von Weinkellern und
kaufe solche mit Stäben in engen Abständen, so dass man gerade
eine Weinflasche dazwischen schieben kann. Solche Weinregale

33

Repräsentative Einfahrt mit schmiedeeisernem Portal, flankiert von Sandstein-
pfeilern und zwei kleineren Toren, die einst zu einem vornehmen französischen
Palais führte und hier auf dem Lagerplatz von *André Girard*, einem *Brocante de
Matériaux Anciens* in Vesoul an der RN 19 zwischen Paris und Straßburg steht.

sehen phantastisch aus! Gitter mit weitem Abstand der Stäbe lassen sich gut als Bücherregale verwenden, wenn man dazwischen
Glasböden einlegt. Die Gefahr des Durchhängens wie bei Holz-
böden braucht man dann auf keinen Fall zu befürchten. Originell
ist auch die Lösung, diese für Stockwerkbetten zu nutzen.

Portale und Treppen: anspruchsvolle Architekturelemente

Der stillgelegte Bahnhof von Chaudon-Norante in Frankreich. Gusseiserne Hohl- säulen wie diese gehören heute zu den gesuchten Bauelementen.

Beispielsweise könnte man sich auf Folgendes konzentrieren:

Stein und Marmor   Kamine, Hausteine, Lukarnen, Tür- und Fenstereinfassungen, Treppen, Gartenbänke, Brunnen und Becken, Säulen, Bodenplatten.

Schmiedeeisen – Gusseisen   Tore, Fenstervergitterungen, Balkonbrüstungen, Veranden, Glashäuser, Träger, Säulen, Dachstreben von Galerien aus der Jahrhundertwende, die in Skelettbauweise aus Glas und Stahl errichtet wurden.

35

Detail einer französischen Gartenvase aus Gusseisen im Stil der Renaissance, gesehen bei *Wilfried Juhnke*, der in Müllheim im Markgräfler Land im Dreiländereck von Deutschland, Frankreich und der Schweiz mit Historischen Baustoffen handelt.

Holz   Bauelemente aus Holz, meist Eiche oder Pinie, Türen, Tore, Fenster, Wandverkleidungen, Deckenbalken, Balkenköpfe, Zimmerdecken, Dielungen und Parkettböden.

Ton und Keramik   Backsteine, Dachziegel, Bodenplatten, Terracottafliesen, glasierte Fliesen, Vasen und Krüge, Sanitärkeramik.

Zubehör   Laternen und Lampen, Tür- und Fensterbeschläge sowie Zubehör wie Knaufe und Klopfer, Klingeln, aber auch Gartenvasen (d'Anduze, Medici), Oliventöpfe und bäuerliches Gerät.

Weitere Anregungen ergeben sich später automatisch durch das spezifische Angebot der Händler in Frankreich und Spanien.

Diese Fassadenelemente zeugen vom Reichtum französischer Bautradition und von der handwerklichen Perfektion, mit der der Werkstoff Stein im 19. Jahrhundert bearbeitet wurde.

Denkmalschutz
oder Ausverkauf
von Kulturgut ?

Anders als in Deutschland, wo der Zweite Weltkrieg zu einer Ver-
wüstung vieler Städte und Dörfer geführt hat, ist in Frankreich
trotz der Zerstörung durch Bomben und Granaten vergleichsweise
viel historische Substanz erhalten geblieben. Es gibt daher nicht
nur Denkmäler und Bauantiquitäten aus den Epochen von Louis
XIII (1610-1643) und Louis XIV (1643-1715), Regence (1715-1723),
Louis XV (1723-1774) bis Louis XVI (1760-1800), Directoire (1795-
99) und Empire (1804-1830), die in Deutschland schon allein aufgrund ihres Alters denkmalgeschützt oder als Antiquität sehr
selten und teuer wären, sondern auch noch mittelalterliche Zeugnisse aus dem 15. und 16. Jahrhundert, der Gotik.

   Gerade der französische Baumarkt wird spontan mit der Asso-
ziation verknüpft, dass immer wieder ganze Schlösser und Herren-
häuser abgerissen werden. Dies ist tatsächlich der Fall, und vielfach aus trivialen Gründen. Dem Eigentümer ist die Grundsteuer
zu hoch und diese vermindert sich, wenn auf dem Grundstück kein
Haus mehr »mit Dach« steht. Ist das Dach aus steuerlichen Gründen einmal entfernt, geht es dann mit dem Rest des Hauses schnell
abwärts. Das französische Erbschaftssteuerrecht verleidet den
Erben ebenfalls oft die Freude am Familienbesitz und an ererbten
Werten, weshalb die *Commissaires-Priseurs*, die einzigen vom Staat
zugelassenen öffentlichen Versteigerer, rigoros damit beauftragt
werden, selbst bedeutende Sammlungen zwecks Teilung zwischen
Fiskus und Erben zu versilbern.

   Ebenso häufig hört man die Formulierung, dass antikes
Baumaterial fast immer aus der Plünderung denkmalgeschützter
Objekte stamme und dass der Käufer und – noch schlimmer! – der
Händler von einem Ausverkauf vergessenen oder übersehenen Kulturgutes profitiere. Selbst wenn gesetzlich kein Denkmalschutz
bestünde, könnte es doch nicht angehen, dass man mit der Ver-
schönerung der eigenen vier Wände zur Vernichtung historischer

Dieses im Cortijostil erbaute Gebäude steht nicht seit Jahrhunderten in Spanien, sondern wurde von einem französischen Händler kurzfristig für eine Bauantiquitätenmesse aufgebaut, um die Verwendungsmöglichkeiten seiner historischen Baumaterialien zu zeigen. Die Säulen des Innenhofs sind aus Sandstein, ebenso wie der Brunnen. Als Bodenplatten wurde Burgunder Kalkstein, der berühmte Limestone, verlegt.

Bausubstanz beiträgt. Diese Ansicht deckt sich auch mit dem Fachbegriff *spolia*, der für Raub steht und mit dem Architekturelemente in Zweitverwendung bezeichnet werden.

Der sensible und idealistisch denkende Kulturfreund muss ein sehr schlechtes Gewissen bekommen, wenn er einen kompletten, in Kisten verpackten Bauernhof des 16. Jahrhunderts aus dem Orléanais, der z. B. 1998 in Houdan in Frankreich versteigert wurde, erwerben würde, um ihn auf seinem Grundstück wieder aufzubauen.

Auch wer solche Gewissensprobleme nicht hat, wird sich mit diesen kritischen Argumenten auseinandersetzen müssen, denn spätestens ein Besucher seines zum Teehaus transformierten Bauernhofes aus dem Orléanais könnte dieses Thema zu einem Politikum werden lassen – und sei es nur aus Neid.

Der Gesetzgeber gibt in Frankreich eine klare Linie vor: Ein Gegenstand von einem geringeren Wert als 50.000 Euro definiert er noch nicht als schützenswertes Kulturgut. Im Baubereich kommt hinzu, dass intakte Gebäude nicht ohne behördliche Genehmigung abgerissen werden dürfen. Frankreich gilt hinsichtlich denkmalpflegerischer Zielsetzungen als sehr liberal; das Land lebt davon, dass immer wieder neue Kunstwerke »re-editiert« werden, wodurch die vorhandenen Originale an Wert verlieren.

Aber auch bei Gegenständen mit einem Wert unterhalb der 50.000-Euro-Grenze könnte einen das Gefühl beschleichen, zu einer Plünderung von Kulturgut beizutragen. Zu sehr ist die Einschätzung des Wertes an sich mit den Vorstellungen von Grund und Boden und Alter verbunden. Vielleicht sollte man zur Abwägung solcher Konflikte die Ursprünge des Materials in Betracht ziehen: Ob es zum Beispiel vom Lande oder aus einer Stadt kommt, ob es auch schon zu seiner Zeit ein Massenprodukt war oder ob an seine Entstehung regionale oder handwerkliche Besonderheiten geknüpft werden. Wenn ich ehrlich bin, kann ich einen Baufreund, der einem alten Bauernhaus in seinem Garten eine neue Zukunft gibt, eigentlich nur als einen Mäzen alter Volkskunst sehen.

Viele Wohngebäude in südlichen Regionen müssen nach heutigen Maßstäben als Zumutung empfunden werden. Als Zeugnis regionaler Baukultur sollten sie jedoch möglichst vor Ort erhalten bleiben oder, wenn dies nicht möglich ist, transloziert und in Freilichtmuseen wieder aufgebaut werden. Die Kapazitäten dieser

39

Bauernhaus in den spanischen Bergen bei Bilbao, das mit den einfachsten Baustoffen aus der Region errichtet wurde. Viele dieser Gehöfte werden aus wirtschaftlichen Gründen von ihren Bewohnern verlassen. Die wenig bearbeiteten und einfachen Baustoffe sind meistens durch die Witterung und durch die Lebensumstände gealtert, so dass sich eine Bergung, Lagerung und Wiederverwendung nur in Ausnahmefällen lohnen.

Museen sind jedoch vielfach beschränkt und das Wertempfinden der Bevölkerung noch anders gelagert. In Spanien gibt es z. B. bei *Viols Le Fort* ein Steinzeitdorf, mit Fundstücken aus den Ausgrabungsstätten *Numancia* (Soria) und *Ilaica* (Sevilla) sowie *Baeña Claudio*. Durch Studien an den Mauern von Fez versucht man, die Bauweise der Stadtbefestigung von Algeciras zu verstehen.

Die südlichen Länder sind so reich an sensationellen Bauschätzen, dass ihre Bewohner sich für Einfaches nicht so sehr interessieren wie wir. Deshalb scheitert die Renovierung vor Ort meist an den lokalen Rahmenbedingungen. Man muss sich einmal alte spanische und französische Filme aus der Vorkriegszeit ansehen um zu erkennen, dass aus ländlichen Gebieten so gut wie nichts zu erben ist – zu einfach, sparsam und schlicht sind Baustil und Materialien. Alte spanische Bauernhäuser bestehen meist nur aus Feldbrandziegeln und bäuerlich geschlagenem Holz, die unmittelbar der Witterung und der harten Beanspruchung durch ihre Bewohner ausgesetzt sind. Ihre Lebensdauer ist daher äußerst begrenzt. Opfer von Plünderungen im Sinne der Denkmalpflege können also nur Gebäude sozial höherer Kreise werden, deren einzelne Bauelemente einen gewissen Wert darstellen und dadurch zum Abbau reizen; diese Gefahr ist natürlich kaum auszuschließen.

Selbst wenn man das Angebot zum Kauf einer kompletten, bereits abgerissenen Fassade eines Schlosses erhält, lässt sich nur selten prüfen, ob dessen Abriss von der Behörde zu Recht oder auch zu Unrecht entgegen der denkmalpflegerischen Gesetzgebung und Zielsetzung genehmigt wurde. Als Mitglied einer arbeitsteiligen Gesellschaft stellt das Vertrauen in die zuverlässige Teilarbeit der anderen jedoch eine wesentliche Voraussetzung für die eigene Existenz dar. Und man muss in diesem Sinne davon ausgehen, dass das versteigerte oder im Handel angebotene Material eben keine Museumsqualität hatte. Im Zweifelsfällen sollte aber jeder seinen eigenen Gefühlen folgen.

41

Da in Frankreich ebenso wie in Deutschland eine sehr strenge Gesetzgebung zum Schutz des Kulturgutes existiert, müssen diese Kulturgüter gepflegt und unterhalten werden, und niemand sollte sich an den großen Schlössern an der Loire, Loir und Cher vergreifen. Eine Japanerin, die sich in Frankreich günstig einige Schlösser gekauft hatte, um sie auszuschlachten und das Material auf dem

Dieses Schloss in der Nähe von Rouen in der Normandie steht unter Denkmalschutz. Abriss und moderne Umbauten scheiden hier mit Sicherheit aus.

Dieser Neubau mit seiner ungewöhnlichen Architektur mit abgerundeten Linien und kugelbewehrten Türmchen steht nicht am Mittelmeer, sondern im badischen Hohberg-Hofweier. Als funktionaler Ausstellungsraum wurde er von der Firma *Krause, Historische Elemente*, repräsentativ und kostengünstig mit Hilfe von zweitverwendeten, historischen Baumaterialien erbaut. Interessant ist die Nutzung von spanischen Mönch- und Nonne-Ziegeln als Mauerkrone.

internationalen Kunstmarkt zu verkaufen, wurde zurecht verhaftet und angeklagt.

Das Material hingegen, das ein *Commissaire-Priseur* dem Publikum anbietet, wird stets im amtlichen Auftrag versteigert. Man sollte also hierbei davon ausgehen können, dass alle Angebote die Hürden des Denkmalschutzes genommen haben.

Auch in Spanien stehen die Kulturgüter unter Aufsicht; es lohnt sich nicht, die gesicherten Ausgrabungsstätten aus römischer Zeit zu plündern, um ein paar Haussteine auf dem Flohmarkt verkaufen zu können. Bei dem hohen handwerklichen Niveau der Steinmetze im Lande ist es einfacher und weniger riskant, diese Preziosen einfach zu kopieren.

Es macht insgesamt wenig Sinn, Natursteine aus der Landschaft abzutransportieren, und ebenso sinnlos wäre es, etwa die unbewachten Steinzeitgräber bei Viol-le-Fort (Hérault) abzubauen. Den Steinen ist es später nicht anzusehen, woher sie kommen und zu welchem Zweck sie gedient haben.

43

Größer wäre die Versuchung bei Stätten, wo handwerklich bearbeitete Steine zu finden sind, zum Beispiel bei der im 2. Jahrhundert durch ein Erdbeben zerstörten römischen Siedlung Baeña Claudio an der Atlantikküste, nur 100 Meter vom Strand entfernt. Diese Ausgrabungsstätte 20 Kilometer nördlich von Algeciras besitzt sogar die Reste eines Theaters; einige Säulen hat man wieder aufgestellt. Solche Bodendenkmäler sind jedoch in der Regel durch Zäune gesichert, jegliche Entnahme könnte nur als Raub und Diebstahl bezeichnet werden.

Man kann also nur an die Vernunft appellieren, dass es keinen Sinn macht, unbewachte Ausgrabungsstätten zu plündern, weil

Zweitverwendung von historischen Bauelementen in einem Klostergarten: Etwa 60 km nordöstlich von Paris befindet sich das heute zerstörte gotische Zisterzienserkloster *Châolis*. Eine Steinplatte auf einem ehemaligen Säulenkapitell lädt zum Ausruhen ein.

Siesta auf einem Säulenkapitell

zwischen Stein und Stein kein erkennbarer Unterschied besteht. Durch seine Bearbeitung vor 2000 Jahren ist der Stein nicht älter als derjenige, der erst gestern aus demselben Steinbruch gehauen worden ist. Lediglich der Wert der Handarbeit ist älter, und individuell prägend können eventuell vorhandene Nutzungsspuren sein. Wer sich also die Kosten für die Arbeit der Steinmetze sparen möchte und alte Steine an sich bringt, begeht einen ganz ordinären Diebstahl.

Funde aus römischer Zeit kann man übrigens auch legal erwerben. Zum Beispiel verkaufen die Pariser *Commissaires-Priseurs* immer wieder Ausgrabungsstücke wie z. B. Figuren oder einen römischen Torso. Der Wert eines solchen Torsos hängt von dem Erhaltungszustand ab. Eine gut erhaltene Kopie aus dem letzten Jahrhundert ist heute auf dem Kunstmarkt jedoch mehr wert als der schlecht erhaltene Original-Torso aus römischer Zeit, vorausgesetzt, es ist das gleiche Material verwendet worden. Meist ist der Torso aus römischer Zeit auch nur wieder eine Kopie, weil das Original aus der Zeit der griechischen Antike verloren gegangen ist.

Spanien und Frankreich haben eine alte Tradition für die Wiederverwendung von historischer Bausubstanz. Anwesen aus römischer Zeit sind in großem Ausmaß bereits in frühmittelalterlicher Zeit »ausgeschlachtet« worden. Die älteren Häuser des Dorfes Murviel-les-Montpellier bestehen nachweislich aus Steinen eines römischen Oppidums, dessen Reste man vor wenigen Jahrzehnten neben dem gegenüberliegenden Hügel wieder entdeckt hatte und die der Heimatverein weiter freilegt. Das heißt, die Wiederverwendung noch brauchbarer Teile ist zu allen Zeiten üblich gewesen, und ein Freund antiken Baumaterials käme für eine Rettung (oder Plünderung) der Kulturgüter von gestern ohnehin zu spät.

Dieses Granitportal in der Bretagne ist der Eingang zu einem Landbesitz im Stil der Festungsbauten des 17. und 18. Jahrhundert. In dieser Region gibt es einige Unternehmen, die sich, wie die Firma *Matériaux d'Antan* von P. Leroy, fast ausschließlich auf Bauelemente aus Granit spezialisiert haben.

Vorbereitungen für
eine Entdeckungsreise
durch Frankreich und Spanien

Das Gewicht von Steinen wird leicht unterschätzt. Ein schmiede-
eisernes Tor sieht unter freien Himmel aus, als könnte man es in
einen VW Transporter verstauen. Auf der Landkarte taxiert man die
Bewältigung von Entfernungen im Süden von Stadt zu Stadt nach
den Erfahrungen in Deutschland. All dies sind die kleinen Irrtü-
mer, die eine Reise in die Flächenstaaten Frankreich und Spanien
zum Einkauf von historischem Baumaterial eventuell zu einer

Der Besuch bei Antiquitäten- und Baustoffhändlern ist stets eine Moment
aufnahme für das vorhandene Material. Im Juni 1999 hatten *Jean-Loup* und
Nadia Ronssin in Meung-sur-Loire diese Raritäten auf Lager. Die Badewanne
mit den mit Palmetten geschmückten Füßen von 1860 ist längst verkauft,
ebenso die seltene Pumpe für einen Brunnen, die dahinter zu sehen ist.

Seit 1963 bietet *Jean Chabaud* im südfranzösischen Apt das faszinierende Spektrum von antiken Baumaterialien an. Diese halbrunde Freitreppe aus vier Stufen und einem Podest, ein klassisches Säulenpaar, Brunnen und Sockel für Statuen sind nur ein kleiner Ausschnitt.

Strapaze werden lassen. Richtig vorbereitet, kann eine solche Reise aber zu einem Erlebnis werden, an das man später gerne zurück denkt.

Durch selbstgesetzte Limits beantwortet sich die Frage nach Sinn und Zweck einer Exkursion in diese Länder. Selbst wenn der Ausflug nur eine Informations- oder Entdeckungsreise sein soll, muss sich der Liebhaber antiker Bauelemente darüber im Klaren sein, dass er eine so weite Tour so bald nicht wieder unternehmen wird. Deshalb sollte man sich eine relativ genaue Vorstellung von dem machen, was man auf jeden Fall oder nur bedingt mit nach Hause bringen möchte.

Es wird sich als vernünftig erweisen, schon bei der Reiseplanung Alternativen in Betracht zu ziehen. Die in diesem Buch erwähnten Firmen sind meistens gut zu finden, auch gibt es dort immer eine große Materialauswahl; aber es ist bei Antiquitäten und alten Baustoffen nie ganz sicher, ob man dort gerade das Gewünschte vorfindet und ob die Firma noch existiert. Sie sollten deswegen bereit sein, Ihre ursprünglichen Pläne zu ändern und eventuell anzunehmen, was sich anbietet. Auch sollten Sie improvisieren können und alternative Routen einplanen. Wer zum Beispiel eine schöne Freitreppe oder ein Portal aus der Zeit Louis XV sucht, sollte von Paris in Richtung Bordeaux fahren. Stellt er fest, dass diese Portale ihm zu mächtig sind, findet er in Spanien mit Sicherheit elegantere Varianten.

Bedenken Sie stets, dass Sie weite Entfernungen vor sich haben. Paris liegt zwar nur 400 Kilometer von der deutschen Grenze entfernt, aber von Paris bis Brest sind es weitere 800 Kilometer, und von Paris bis zur spanischen Grenze bei Irún ebenfalls. Von Roscoff nach Nantes ist es genauso weit wie von Paris bis zur deutschen Grenze. Von Paris nach Barcelona sind es via Montpellier 1100 und via Irún 1600 Kilometer. Von Irún bis Málaga sind es weitere 1200 Kilometer. Die Strecke von Berlin bis Gibraltar beträgt 3250 Kilometer. Überlegen Sie gut: Was soll also eine solche Tour einbringen?

Unterstellt, Sie fahren einen Bogen von Berlin nach Barcelona, von dort den Ebro aufwärts über Irún nach Bordeaux, und von dort über Paris nach Berlin zurück, so kommen auf dem Kilometerzähler Ihres Autos nahezu 6000 Kilometer zusammen. Mindestens 750 Mark betragen Ihre Ausgaben allein für Sprit.

Wer für diese Reise zwei Wochen benötigt, muss 15 Nächte in einem Hotel, in einem spanischen *Hostal*, einem der französischen Kettenhotels verbringen oder privat übernachten, was pro Person im günstigsten Fall weitere 800 Mark kostet. Rechnen Sie die Betriebskosten des Fahrzeugs und die Verpflegungs-Mehrkosten hinzu, haben Sie mehr Geld ausgegeben als für einen Erholungsurlaub in der Karibik.

Betrachten Sie Ihren Streifzug durch Frankreich und Spanien also auch als eine Art Abenteuerurlaub; denn renditemäßig müssten Sie für mehr als 10.000 Mark Baumaterial kaufen, damit sich der gesamte Aufwand lohnt. Und Sie wollen ja den professionellen Baustoffhändlern keine Konkurrenz machen.

Spanische
und französische
Sprachkenntnisse

Wer in Frankreich oder Spanien mit gebrauchtem Material oder
mit Schrott handelt oder Gebäude abbricht, hat diesen Beruf – im
Gegensatz zu den international agierenden Antiquitätenhändlern –
meist nicht aus idealistischen oder kulturellen Gründen gewählt,
sondern weil es nicht allzu viele Alternativen gab. Man darf daher
keine Deutschkenntnisse erwarten. Verkehrt wäre es aber auch, in
Frankreich auf verbreitete englische Sprachkenntnisse zu vertrau-
en. Zwar haben fast alle Franzosen in der Schule Englischunterricht
gehabt, und auch in Spanien wird von der 5. Klasse Primärschule
an Englisch gelernt. Das macht aus Frankreich und Spanien aber
keine anglophonen Länder. Viele Franzosen meinen, nur deswegen

Barcelona ist neben Madrid das wichtigste spanische Handelszentrum. Die Ein-
kaufsstraße *Ramblas*, die zum Hafen führt, zeigt in ihren überdachten Passa-
gen die für das 19. Jahrhundert typische Skelettbauweise aus Glas und Eisen,
deren Bauelemente immer wieder im Handel für Bauantiquitäten auftauchen.

Englisch lernen zu müssen, weil die Engländer nicht so intelligent
seien, um Französisch zu lernen. Auch mit Franzosen, die in der
Schule Englisch gelernt haben, ist die Verständigung in Englisch
nicht gerade einfach. Sie sprechen Englisch mit einem Akzent, den
wir als »germish« sprechende Menschen kaum noch verstehen.
Können Sie jedoch in Spanien etwas Französisch oder Italienisch,
so kann Ihnen dies hilfreich sein.

Den Preis für einen Gegenstand zu erfahren, wird kaum ein
Problem sein. Aber weitere Einzelheiten zu ermitteln, kann schon
etwas schwieriger werden. Erste Hilfe kann ihnen das dreisprachi-
ge Glossar im Anhang dieses Buches bieten. Wer dagegen etwas
ganz Bestimmtes sucht und das genau beschreiben möchte, sollte
sich ein gutes Wörterbuch kaufen. Der Oxford-Duden beispielsweise bildet die Begriffe ab und erklärt dementsprechend nur Haupt-
worte. Die Ausgabe »Deutsch-Spanisch« beschreibt auf Seite 217
unter dem Stichwort Zimmerer *Carpintero de Obra* alle Fachausdrücke
der Zimmermannsarbeit und bildet seine typischen Gewerke ab.
Eine Seite weiter werden die Dach- und Holzverbände besprochen
und anschließend alle Begriffe zum Thema »Dach und Dachdecker«.
Es gibt für den Touristen, der sich für Antiquitäten interessiert,
auch kleinere Werke, wie z. B. das Bildwörterbuch der Architektur
aus dem Kröner Verlag mit einem Fachglossar in Englisch-Deutsch,
Französisch-Deutsch und Italienisch-Deutsch und vielen Abbildungen und Beschreibungen.

Ich bin glücklicher Besitzer des dreizehnbändigen Werkes
Nuevo Diccionario de Agricultura von 1843, gefunden auf dem Flohmarkt von Fuengírola, wo genau beschrieben wird, wie zu dieser
Zeit Brunnen, Gewächshäuser und Ställe errichtet wurden und wie
die abgebildeten Teile auf Spanisch heißen. Ich empfehle, für die
gezielte Suche interessante Abbildungen aus historischen Werken,
aus Geschichtsbüchern und alten Reiseberichten zu fotokopieren
und sie für die Reise zusammenzustellen, um sich mit seinen
fremdsprachigen Geschäftspartnern besser verständigen zu können.

51

Bei der Entdeckungsreise in Spanien werden Sie immer wieder auf landwirt-
schafte Gerätschaften und diese typischen, gedrungenen spanischen Säulen
stoßen. Hier sehen Sie ein Paar Sandsteinsäulen mit ionischem Kapitell, die
wohl aus Zufall mit dem Kopf nach unten hingestellt wurden.

Materialtransport:

Fahrzeug und Logistik

Wenn Sie eine ausgedehnte Einkaufstour planen, ist die Frage des geeigneten Fahrzeugs von entscheidender Bedeutung. Privatpersonen besitzen nur in Ausnahmefällen einen Lieferwagen, einen Pickup oder einen Kombi, geschweige denn ein größeres Nutzfahrzeug. Mit einem herkömmlichen Personenwagen lässt sich kaum eine größere Menge Baumaterial transportieren, die eine solche Reise lohnend macht. Es ist immer wieder erstaunlich, welche Ausmaße manche Architekturelemente haben. Eine normal hohe französische, doppelflügelige Verandatür mit kleiner Sprossenteilung, auf dem Flohmarkt für nur 200 Francs angeboten, hätte man viel-

Diese Säulenfüße und Kapitelle spanischer Säulen der Firma *Dutto frères* aus Brignoles sind inzwischen ebenso wie die Wasserrinnen aus Stein verkauft und wurden zur Gestaltung einer Gartenanlage in St. Tropez Les Parcs verwendet.

leicht gerne für seinen Wintergarten mitgenommen, aber sie passt nicht einmal in einen Mercedes Vito. Das bedeutet, dass man sich ein größeres Fahrzeug leihen oder mit einem Spediteur zusammenarbeiten muss.

Auf einen Dachgepäckträger sollten Sie auf gar keinen Fall verzichten. Mit ihm kann man seine erworbenen Schätze zumindest bis zum nächsten größeren Händler an einer Nationalstraße transportieren. Bei der Übergabe sollte ein Gabelstapler verfügbar sein, denn die Fernverkehrsfahrzeuge haben keine speziellen Ladevorrichtungen. Bedenken Sie: Jede gesonderte Ladestelle und jeder eigene Arbeitsvorgang verursacht zusätzlich Kosten, die Ihnen die Spedition in Rechnung stellt.

53

Zweckmäßig ist es, viel Zeitungspapier und geeignete Transportkisten mitzunehmen, um darin Kleinigkeiten zu verstauen, etwa Kacheln, Beschläge, Türschlösser und Glas. Wer sein Herz an Bauelemente aus Stein verloren hat, muss wissen, dass ein normaler Personenwagen höchstens 800 Kilogramm Zuladung verträgt. Hiervon sind das Gewicht für den Fahrer (und Beifahrer) und Reisegepäck in Abzug bringen, so dass kaum mehr als lächerliche 600 Kilogramm Zuladegewicht bleiben. Mit einem Anhänger kann man etwa eine Tonne Steine mehr mitnehmen. Aber es ist sehr lästig, mit einem Anhänger über so weite Strecken unterwegs zu sein. Deswegen sollten Sie Ihr Fahrzeug in erster Linie so nutzen können, dass Waren zu geeigneten Sammelpunkten gebracht werden und nur Dinge, die Sie einer Spedition nicht anvertrauen möchten, im eigenen Fahrzeug mitgenommen werden, z. B. Lampen mit Glas oder kleinere Dinge wie Beschläge, die auf dem Transport leicht verloren gehen.

Vergessen Sie nicht, dass Sie unterwegs immer wieder auf »Schätze« stoßen, die eine geradezu magische Anziehungskraft haben. Unter so manchem Schutthaufen finden Sie etwas, was Sie nicht liegen lassen können... Das bedeutet, dass man immer noch ein bisschen Ladekapazität in Reserve haben sollte.

Nicht mit leerem Fahrzeug nach Frankreich fahren

Um die Kostenbalance Ihrer Einkaufsreise zu verbessern, sollten Sie die Reise nicht mit einem leeren Fahrzeug antreten. Es gibt bestimmte Waren, die man auf der Hinreise verkaufen kann. Aus meiner Erfahrung sind dies gebrauchte, aber noch funktionierende Haushaltsgeräte und alte Möbel aus Holz. Bewohner südlicher Länder brauchen günstige Kühlschränke. Im Midi haben die Haushalte oft einen zweiten Kühlschrank in der Garage, um ihren Mineralwasservorrat kühl zu halten.

Es heißt, in Spanien könne man so gut wie alles verkaufen. Das ist natürlich übertrieben; eher gilt dies für Paris, wo viele Einwanderer meist aus afrikanischen Ländern in mehr als bescheidenen Verhältnissen leben. Die ärmere Bevölkerung unserer westlichen Nachbarländer muss meist mit dem primitivsten Mobiliar auskommen und gibt ihr Geld gerne für gebrauchte Qualitätsmöbel aus, die bei uns sonst auf dem Sperrmüll landen.

Als Abnehmer für solide, gebrauchte Waren kommen in Frankreich praktisch alle *Dépot-Ventes* (*Troc de l'Ile*, *Trocante*) und in Spanien die *Mercaditos* in Betracht, die es in allen größeren Städten gibt. Viele der *Brocantisten* in Frankreich handeln nicht nur mit Antiquitäten, sondern im Nebenerwerb auch mit normalen Gebrauchtwaren. In Deutschland werden viele noch funktionierende Geräte »entsorgt«, die man gratis auf die Reise mitnehmen und für ein paar Francs loswerden kann. Die eine oder andere Tankfüllung springt dabei am Ende ganz gewiss heraus.

Es kann sich auch lohnen, Antiquitäten in den Süden mitzunehmen. Die Franzosen kaufen ohnehin sehr gerne Antiquitäten; *chiner* nennen sie diesen Volkssport. Für Frankreich empfiehlt es sich, Sachen aus der Gründerzeit und aus den zwanziger Jahren mitzunehmen, die bei uns immer noch günstig zu beschaffen sind. Der Stil der deutschen Gründerzeit entspricht den Kreationen aus der französischen Stilepoche Napoleon III. Auch andere Gesichtspunkte könnten eine Rolle spielen: Die Aufpolsterung eines schönen, alten Sofas zum Beispiel wäre bei uns aus Kostengründen nicht rentabel, würde aber in Spanien überhaupt kein Problem darstellen. Ich selber sammle daher in einem Container Waren, die in Deutschland wenig Wert haben, aber in Frankreich und Spanien schnell und leicht veräußert werden können.

Der rechnerischen Erfolg der Reise lässt sich erheblich steigern, wenn man sich der organisierten Hilfe von Speditionen bedient. »Organisiert« heißt, dass man den Spediteuren nicht zumutet, fünf verschiedene Ladeorte abseits der Nationalstraßen anzulaufen. Es ist auch kein Problem, größere Mengen von Steinen durch eine

54

Mit historischen Baumaterialien von *Antike Böden Kölnberger* restaurierter Vierkanthof bei Aachen. Im Vordergrund Platten aus Blaustein, dessen geologische Vorkommen sich vom Nord-Osten Frankreichs bis nach Aachen erstrecken.

Spedition befördern zu lassen, vorausgesetzt, dass es nur eine einzige Ladestelle ist. Steine wurden auch früher schon durch ganz Europa transportiert. Übrigens: Der so genannte »Süßwasserjura« aus Deutschland ist in Frankreich beliebt und wird gern von Steinmetzen im Raum Angoulême verarbeitet. Ob dieser Materialtourismus nur einer kurzfristigen Modelaune entspricht oder der Wiederverwendung von Materialien förderlich ist, kann nur im Einzelfall entschieden werden.

Auf einen großen Lkw passen ca. 20 Paletten. 20 Tonnen Ladung sind für diese Fahrzeuge ganz normal. Ein Problem könnte höchstens beim Entladen in Deutschland entstehen, weil fast alle Fernverkehrslaster weder einen Gabelstapler mitbringen noch eine Ladebordwand aufweisen. Deswegen sollten Sie sich für den Tag der Ankunft einer Lieferung einen Gabelstapler mieten. Das sind Details, an die man denken sollte und mit denen man rechnen muss.

Viele deutsche Transportunternehmen haben für ihre Fahrzeuge in Frankreich und Spanien keine Rückladung und nehmen gerne

Ware auf. Das Problem: Die Beladung darf nicht allzu viel Zeit in Anspruch nehmen, weil der Lkw erst wieder in Deutschland Geld verdienen kann. Die Preise auf den Westanbindungen gelten für deutsche Frachtführer allgemein als wenig rentabel, deshalb konnte man 1999 für 3000 Mark eine komplette Ladung Steine von Paris nach Berlin heranschaffen. Viele deutsche Fahrzeuge fahren täglich nach Rungis bei Paris, von wo es kaum Rückladung für sie gibt. Auch kann man aus den Weingebieten von Bordeaux und Montpellier Ladungen abholen lassen. Wenn man von einem Winzer eine Palette Wein (600 Flaschen) kauft, darf man bei ihm auch gern weitere Waren zur Abholung abstellen. Diese Firmen haben in der Regel viel Platz und sind sehr gefällig. Hauptsache, der Winzer verfügt auch über einen Gabelstapler...

Faustregel: Man bezahlt dem Transporteur DM 150 pro Palette ab Paris und DM 450 ab Gibraltar. Der Transport einzelner Paletten kann sich erhöhen, wenn sie ein bestimmtes Handling erfordern. Dennoch geht unterm Strich die Rechnung auf. Weil nämlich mehr

56

Deutsche zur *Costa del Sol* hinfliegen als wieder zurückfliegen, sind z. B. Flugreisen von Málaga als Abflughafen nach Deutschland billiger als Reisen von Deutschland nach Málaga. Das gleiche gilt für Möbeltransporte. Viele Möbelspeditionen haben freie Transportkapazitäten von Spanien nach Deutschland.

Ein Transport kann auch nach Ihrer Rückkehr von Deutschland aus organisiert werden. Nur sollten Sie Geduld haben. Eile ist weder in Frankreich noch in Spanien geboten.

57

Der Lagerplatz der Firma *Olivier Quentin* in Charmoy, auf dem nicht nur Esel und Ziegen ihre Freude haben, sondern auch die Sammler von historischen Baumaterialien.

Der französische Markt

für Baumaterialien

Soll Ihre Einkaufsreise in den Süden erfolgreich verlaufen und mehr sein als nur der spontane Erwerb eines zufällig entdeckten Fundstückes, so sollten Sie sich vorher die nationalen Antiquitätenzeitungen beschaffen und studieren. Sie enthalten viele wichtige Informationen und aktuelle Adressen, die Ihnen ein gezieltes Vorgehen ermöglichen.

Für eine Frankreichreise möchte ich die wöchentlich erscheinenden Zeitschrift *Gazette de l'Hôtel Drouot* (FF 14) empfehlen, die nicht nur eine wahre Fundgrube für hochwertige Antiquitäten der klassischen Art ist, sondern in der sich immer wieder zahlreiche Hinweise auf Bauantiquitäten finden. Das *Hôtel Drouot* ist ein in der *rue Drouot* (Métrostation *Drouot-Richelieu*) gelegenes Versteigerungshaus für Antiquitäten der Pariser *Commissaires-Priseurs*.

Diese *Commissaires-Priseurs* haben in Frankreich immer noch das Monopol, im öffentlichen Auftrag Sachen zu versteigern, die durch

Die Fassade einer Orangerie aus dem Ende des 18. Jahrhunderts, die beim *L'Atelier 13* in Saint-Rémy-de-Provence zum Verkauf stand. Bei einer Länge von 12 m und einer Höhe von 3 m besitzt sie 10 Türöffnungen, acht davon mit rundbogigem Abschluss. Der Bauzustand ist gut, architektonisch wäre es möglich, hieraus einen dreiseitigen Winkelbau zu gestalten.

Erbteilung, Liquidation oder Pfändung anfallen, und auch das, was auf freiwilliger Basis den Besitzer wechseln soll. Auch in der abgelegensten Ecke Frankreichs versteigert der dort zuständige *Commissaire-Priseur* Antiquitäten stets auf einer gesonderten Versteigerung. Und was er für eine Antiquität hält, ist seine Ermessenssache. Strenge Regeln gelten dafür nicht.

Der *Commissaire-Priseur* haftet dafür, dass ein als *époque LXV* aufgerufener Gegenstand tatsächlich aus der Zeit Ludwig XV. stammt. Andernfalls müsste er ihn als *stile Louis XV* bezeichnen. Bei Gegenständen, die üblicherweise nicht zum Geschäft der *Commissaires-Priseurs* gehören, wird der zu versteigernde Gegenstand durch einen national anerkannten Experten geprüft und bewertet. Man kann sich deswegen in der Regel auf die Schätzpreise verlassen. Nicht wenige *Commissaires-Priseurs*, die sich durch ein Jura- und ein Kunststudium qualifizieren müssen, haben sich auf dem Antiquitäten-Fachgebiet einen Namen gemacht, einige auch mit der Spezialität »Bauantiquitäten«.

Antiquitäten werden sehr oft thematisch angeboten. So z. B. als »Architekturantiquitäten«, für die ein Versteigerer die Einlieferung zu einer großen Veranstaltung einmal im Jahr sammelt. Wer die *Gazette de l'Hôtel Drouot* abonniert hat, wird die nächste Versteigerung antiken Baumaterials nicht versäumen, weil alle Versteigerungen Frankreichs mit der Einstufung als »antik« in dieser Zeitschrift angezeigt werden. Der Begriff »antik« ist jedoch weit gefasst. So werden in dieser Zeitung auch Versteigerungen von gebrauchten Sammlerfahrzeugen angekündigt, zu denen in Frankreich bereits ein Golf Cabriolet aus den achtziger Jahren gehört.

In einer der nächst folgenden Ausgabe der Zeitschrift werden dann die Ergebnisse der Versteigerung veröffentlicht, so dass man sich ein Bild vom Preisgefüge machen kann; ebenso erfährt man, welches Los keinen Zuschlag erhalten hat.

Interessant sind immer wieder die Anzeigen für die Auflösung von Hotels und Restaurants. In diesen Fällen werden nicht nur

Ein klassisches Beispiel französischer Gartenkunst: Wandbrunnen aus Kalkstein im Stil Louis XV, 1,95 m hoch, 1,65 breit und 1,10 m tief. *Georgia Wittmaack, Habit Arte** in München, hat sich auf edle Gartengestaltungen spezialisiert und bietet aufgrund ihrer langjährigen Erfahrungen Hilfe bei Einkäufen und Versteigerungen in Frankreich an.

Tische und Stühle, sondern ganze Baranlagen, Trennwände, Glas-portale und schmiedeeiserne Arbeiten versteigert. Relativ häufig finden sich auch Ankündigungen vom Verkauf des gesamten Mobi-liars eines Herrenhauses oder Schlosses.

So wies die *Gazette de l'Hôtel Drouot* in ihrer Ausgabe vom 3. 12. 1999 auf einige interessante Verkäufe hin. Die *Commissaires-Priseurs Colobert-Letresor* hatten in Etampes für den 19. 12. 1999 auf Betreiben des Finanzamtes die öffentliche Versteigerung einer zwei Meter hohen Marmorstatue anberaumt. Die Statue kam aus dem Schloss von Villebozin und entsprach der Statue *L'Air*, die vor dem Schloss von Versailles steht. In St. Die, gut von Deutschland zu erreichen, versteigerten die *Commissaires-Priseurs* zwei sitzende Renaissance-Löwen, 80 cm hoch, aus der Zeit Ende 16., Anfang 17. Jahrhundert. In Lyon wurden 300 Lose Ausgrabungen und mittelalterliche Kapi-telle versteigert sowie eine Kaminplatte, ca. einen Meter hoch und breit, aus dem 18. Jahrhundert.

Viele Verkäufe haben eine lange Tradition. Der *Commissaire-Priseur Eric Couturier* veranstaltet jeden Herbst einen als »wichtig« bezeichneten Sonderverkauf von gebrauchten Eisenwaren, Haus-werkzeugen, Türschlössern und Türzubehör, darunter viele (und teils sehr elegante) Türklopfer. Für den Verkauf im November 1999 konnte man sich für 35 Francs vorab eine »sehr detaillierte Liste« zuschicken lassen.

Wenn Sie über den nächstfälligen Verkauf informiert werden möchten, schicken Sie dem *Maître Eric Couturier* (8, rue du Drouot, 75009 Paris) ab September die erbetenen 35 Francs, und Sie wer-den rechtzeitig alle Einzelheiten über die nächste Versteigerung erfahren.

Man kann auch schriftlich mitbieten; das funktioniert, indem Sie nicht nur den Vordruck aus dem Verkaufsprospekt mit den für Sie noch akzeptablen Höchstgeboten unterschrieben zurück-schicken, sondern einen (deutschen) Blanco-Euro- Verrechnungs-scheck auf den Namen des *Commissaire-Priseurs* beifügen. Man darf den *Commissaires-Priseurs* durchaus vertrauen; sie sind Justizpersonen, vergleichbar mit Notaren, die es sich nicht leisten können, ihre einträglichen Pfründe zu verlieren. Eventuell können Sie sich auch von Spezialisten in Deutschland beraten lassen, die bereits Erfah-rungen in diesem Metier haben.

61

Ohne dass die nachfolgenden Teile als »Baumaterial« angeboten
worden wären, kündigten die Pariser *Commissaires-Priseurs* in einer
Ausgabe der Gazette von unterschiedlichen Händlern folgende
Materialien an:

Tajan: Grabplatte eines Ritters aus dem 14. Jahrhundert;
Rieunier & Bailly-Pomméry: ein Paar Réverbères (Straßenlaternen)
und diverse Holzvertäfelungen;
Jean Claude Granger: ein 3,6 m langes, ehemaliges Kirchengitter;
Tajan: Terracotta-Statue, eine Gartenvase.

Alle diese Objekte haben Kunstwert. Die *Étude Tajan* verfügt über
ein internationales Renommé wie die englischen Häuser Sotheby's
oder Christie's oder wie das deutsche Auktionshaus Dr. Fritz Nagel
in Stuttgart, das in den Jahren 1994, 1995 und 1996 auch antike
Baumaterialien zum Verkauf anbot.

Das renommierte Stuttgarter *Kunst-Auktionshaus Dr. Fritz Nagel*, heute *Nagel
Auktionen*, führte in den Jahren 1994, 1995 und 1996 drei Spezialauktionen
zum Thema »Dekorationen« durch, bei denen auch Bauantiquitäten und architektonische Bauelemente zum Aufruf kamen.

63

Gartenoase und Kunst am Bau: In eine Mauer aus hartgebrannten Backsteinen hat *Martin Köllnberger – Antike Böden* aus Aachen ein Portal mit kannelierten Säulen und rundbogigem Sturz eingebaut und den Durchgang ornamental mit antiken, kleinformatigen Terracottaplatten (16 x 16 cm) ausgefüllt. Die Teufelsmaske in der Mitte ist eine Neuanfertigung.

Es wäre ein Versäumnis, wenn Sie die relativ seltenen Versteigerungen von Baumaterial auslassen würden oder wenn der Ausverkauf eines Schlosses mit all seinem beweglichen bzw. entfernbaren Material wie Brunnen, Tore und Portale stattgefunden hätte, obwohl Sie vielleicht ganz in der Nähe gewesen wären.

In der *Gazette de l'Hôtel Drouot* erscheinen auch viele Inserate von Antiquitätenmessen und ähnlichen Veranstaltungen. Wenn Sie gezielt ausgefallene Bauantiquitäten sammeln, sind die *Déballages du cul de camion*, also die Antiquitätenverkäufe »vom Hintern des Lkw weg« in Montpellier (Fréjorgues) zu empfehlen. Hierher kommen sowohl Händler aus dem Rhônetal als auch aus dem Raum Toulouse und aus Spanien. Medici-Vasen, Skulpturen, Säulen und vor allem Kamine werden immer angeboten, ganz abgesehen davon, dass man bei dieser Gelegenheit geschäftliche Kontakte für die Zukunft anbahnen kann.

Zur Messe von Montpellier haben offiziell nur Händler Zutritt, deswegen sollte man eine Visitenkarte dabei haben, die einen als Geschäftsmann ausweist. Weil es mit deutschen Besucher hier noch nie Probleme gegeben hat, sind diese gern gesehene Kunden. Auf der Messe zahlt man üblicherweise bar, weil viele der Händler überhaupt nur auf solchen Deballagen verkaufen. Meist stehen genug Transporteure bereit, die auf Aufträge warten.

Für die Privatkundschaft weist die Zeitung *Aladin* mit einem Kalendarium der Flohmärkte auf bescheidenere Veranstaltungen hin, bei denen immer wieder auch Bauelemente angeboten werden. Die schönsten Flohmärkte finden meist am Sonntag statt. Es sind – von Paris abgesehen – die in Straßburg (auf dem Industriegelände »Wacken«), in Reims, in Bordeaux (um die Kirche von St. Michel) und im *Stade Mosson* von Montpellier, rechts neben der *Route de Lodève*.

Eine weitere Quelle von Informationen über historisches Baumaterial ist die Zeitschrift *Domaines*. In ihr werden zwar in erster Linie Fahrzeuge annonciert, aber die Finanzämter kündigen hier auch die Zwangsversteigerungen von Immobilien an. Häufig wird dort auch Baumaterial angeboten, wie zum Beispiel im Jahr 1997 eine großartige Treppe aus einem Schloss, das zuletzt als Verwaltungsgebäude gedient hatte und umgebaut werden sollte. In fast jeder Ausgabe wird für den Verkauf von Schiffen geworben. Die Schiffe und Immobilien stehen meist nur noch zum Abwracken oder für den Abbruch zur Verfügung. Letzteres ist natürlich eine nicht uninteressante Fundgrube für antikes Baumaterial, insbesondere für Sanitäreinrichtungen. An den spanischen Mittelmeerküsten wird das Abwracken von Fischereifahrzeugen aktuell: Dort liegt seit dem 1. 12. 1999 die Fischereiflotte still. Das Fischereiabkommen mit Marokko ist abgelaufen, und die Verhandlungen stehen zur Zeit sehr schlecht für »Europa«.

Zu erwähnen wäre auch der *Moniteur des Ventes*. In dieser Zeitung werden alle Verkäufe angezeigt, die von Staats wegen erzwungen werden.

Entkernung, Translozierung, Wiederaufbau

Kurze Reise

nach Frankreich

Demjenigen, der nur einen kurzen Abstecher nach Frankreich plant, bieten sich verschiedene Möglichkeiten. Entweder entscheidet er sich für eine der aufregendsten Versteigerungen in Houdan, die nur einmal im Jahr stattfindet, oder er besucht die regelmäßig in Paris stattfindenden Flohmärkte an der *Porte de Clignancourt* oder an der *Porte de Vanves* oder *Porto Bello* bzw. die um das Areal angesiedelten Spezialfirmen. Nicht ganz so weit entfernt sind die Flohmärkte im Elsass.

Das größte Volksfest für Freunde antiker Bauelemente ist die jedes Jahr im Oktober in Houdan stattfindende Versteigerung antiker Bauelemente und Bauantiquitäten durch die *Commissaires-Priseurs Faure & Rey* unter Leitung von *Maître Audhoui*, etwa 50 Kilometer westlich von Paris entfernt.

Eine prächtige Hausfassade aus dem 18. Jahrhundert, die in abgebautem und nummerierten Zustand im Elsass lag, wurde 1996 in Deutschland versteigert. Der Lieferumfang bestand aus Fensterbrüstungen, Portalrahmen, Fassadengesimsen, Treppenaufgang, Portal und Dachlukarnen.

Houdan: Die wichtigste Versteigerung für antike Bauelemente

An drei oder vier Tagen kommen 1500 bis 2500 Lose zum Aufruf. In den Wochen nach der Versteigerung kann man die ersteigerte Ware abholen lassen.

Houdan liegt an der Bahnlinie Paris–Dreux. In Paris steigt man am Bahnhof *Montparnasse* ein. Man kann folglich auch mit dem Flugzeug nach Paris fliegen und von dort mit dem Zug nach Houdan fahren. Das Versteigerungsgelände liegt allerdings einen Kilometer außerhalb der Stadt. Weil die Verbindungen von und nach Paris gut sind, kann man die Abende bequem in Paris verbringen.

Ab September kann man von *Faure & Rey* den Katalog (er kostet 120 bis 150 Francs) anfordern, in dem sämtliche Lose abgebildet und mit ihren Schätz- und Aufrufpreisen beschrieben sind. Die Versteigerung beginnt traditionell an einem Samstag um 10 Uhr

In den Ausstellungsräumen von *Origines* in Houdan finden sich die edelsten Bauantiquitäten, wie diese Gartendekorationen, Kamine und Statuen zeigen. Houdan gilt als das Zentrum für klassische französische Architekturelemente.

Dieser französische, zweiteilige Wandbrunnen aus dunklem Marmor und einem Wasserbecken in Form einer Muschel, ist typisch für die Qualität und das Ambiente der Materialien, die man bei *Günter Rischkopf – Antikes Baumaterial* in Perchting bei Starnberg findet.

mit Gartenelementen (Brunnen, Wasserbecken, Urnen, Figuren, Gewächshäusern, Tischen, Freitreppen, Säulen). Am Nachmittag reicht das Angebot von steinernen Fensterumrahmungen bis zu Portalen und ganzen Fassadenelementen von Schlössern und landwirtschaftlichen Anlagen einschließlich Taubenhäuser und Toranlagen. Es ist keine Seltenheit, dass hier Architekturelemente bis zurück in die gotische Zeit versteigert werden. Aber nur ein einziges Mal hatte eine Gemeinde wegen eines kleinen Tempels ihre Ansprüche nach dem Denkmalschutzrecht angemeldet, so dass der Zuschlag nur unter Vorbehalt erteilt wurde.

Das Verkaufsschema wiederholt sich am Sonntag mit den edleren Losen. Zum Aufruf kommen dann elegante Figuren, feine Säulen und prestigeträchtige Brunnenanlagen, aber auch Kamine und

Holzvertäfelungen, die begehrten, französischen *boiseries*. Am Sonntag herrscht stets Volksfeststimmung. In einem Zelt befindet sich eine Gartenwirtschaft, so dass sehr viele Leute aus dem nahen Paris schon wegen des gesellschaftlichen Rahmens anreisen. Im Oktober können auch ein paar Regenschauer niedergehen, die aber die Stimmung keineswegs trüben. An den beiden folgenden Tagen werden Kaminplatten, Kamine, Öfen, Türen, Fenster sowie Parkett und Steinfußböden versteigert – alles aus dem 18. und 19. Jahrhundert.

68

Alle Lose kann man vor und noch während den Versteigerungen besichtigen. Bei den Versteigerungen, die sich an die Reihenfolge des Katalogs halten, werden die Fotos des jeweils aufgerufenen Objekts auf eine große Wand im Versteigerungsraum projiziert, so dass es kaum die Gefahr von Missverständnissen gibt. Die *Commissaires-Priseurs* sind verpflichtet, die Interessen der Einlieferer zu beachten, die Ware also keinesfalls unter Schätzwert zu verschleudern. Der Service des Hauses ist vorzüglich. Die Ware wird für den Transport fachmännisch verpackt.

Nicht wenige Teile stammen von der in Houdan ansässigen Handelsfirma *Origines*; ihr Inhaber ist ein Verwandter der örtlichen *Commissaires-Priseurs*. *Origines* hat ein großes, gut sortiertes Lager, bei dem alte Bodenfliesen neben Kaminen und Säulen einen wichtigen Platz einnehmen. Sie bietet aber auch originalgetreue Kopien an, unter anderem eine komplette steinerne Fassade für ein Einfamilienhaus im gotischen Stil.

Flohmarkt an der Porte de Clignancourt

Eines der größten Flohmarkt-Ensembles Europas dürfte das von St. Ouen an der *Porte de Clignancourt* in Paris sein. Hier sind mehrere ehemalige Gewerbegrundstücke zu Flohmärkten mit Dauerständen umfunktioniert worden; sie addieren sich zu einer riesigen Fläche. Händler mit festen Ständen und ambulante Anbieter, die ihre Ware am Straßenrand aufstellen, wechseln einander ab. Man kann hier in St. Ouen alles finden, man muss sich nur die nötige Zeit dazu nehmen.

Dieser Flohmarkt findet jede Woche von Samstag bis Montag, also an drei vollen Tagen statt. Die Anfahrt ist einfach. Von Deutschland empfiehlt sich eine Anreise über die A4 nach Paris; auf dem *Boulevard Péripherique extérieur* fährt man bis zur Ausfahrt *Porte de Clignancourt.* Dort sucht man sich einen Parkplatz an der Schnellstraßenanlage, auf welcher der Boulevard verläuft. Unmittelbar auf der anderen Seite, sozusagen *extra muros*, beginnen die riesigen Flohmarktareale. Das Gelände gehört zur Gemeinde St. Ouen, weil die Stadt Paris ihre Grenze entlang dem *Boulevard Péripherique* gezogen hat.

Man kann auch mit der *Métro* kommen und an der Station *Clignancourt* aussteigen. Nachteilig ist dann nur, dass man sich schwer tut, erworbene Gegenstände mit nach Hause zunehmen. So findet man zum Beispiel immer wieder schöne große Terrassentüren mit kleinteiligen Sprossenfeldern, die der Anbietende nicht als »Baumaterial« bezeichnen würde, oder Beschläge, Scharniere, kleine Öfen und so fort. Viele der Händler verstehen sich als »Entrümpelungsunternehmer« und stehen an anderen Tagen auf Märkten für

In Frankreich begann die Flohmarktära mit den *marchés au puces*. Auf diesem Foto von St. Ouen in den fünfziger Jahren des letzten Jahrhunderts beherrschten die *Brocanteurs* die Szene: Zwischen Alteisen, *Métaux, Ferrailles* und Haushaltsgegenständen fanden die Besucher immer wieder alte Schlüssel, Schlösser und Türdrücker. Heute gibt es für Baumaterialien viele Spezialmessen und Märkte.

gebrauchte Haushaltsgeräte. Die Hektik und die Unübersichtlichkeit des Gesamtgeschehens lassen es stets ratsam erscheinen, die gekaufte Ware gleich mitzunehmen.

Auf dem Flohmarktgelände haben auch Transportunternehmer ihre Büros. Von England aus gibt es speziell organisierte Reisen für Antiquitätenwochenenden, so dass zumindest für britische Besucher das Transportproblem gelöst ist.

Nachfolgend einige Händler in St. Ouen, die Sie unbedingt besuchen sollten; ihre Läden liegen in den Straßen Rue Jules Valles und Rue des Rosiers:

Mazeau »aux vieux mateaux«   Diese Firma in der Rue Jules Valles verdient ihr Geld in erster Linie mit der Vermietung von Schrottmulden und der Sortierung von Altmetall. Sie ist daher an allen Tagen zwischen 7 bis 19 Uhr geöffnet. Das Unternehmen betreibt das Geschäft mit alten Baumaterialien nur nebenher.

In den Schrottcontainern des Unternehmens liegt jedoch viel verwertbares Zeug, das zum Schredderrn zu schade wäre. Den aufmerksamen Containervermietern entgehen diese interessanten Teile nicht, und sie holen sie wieder aus den Mulden, so dass man dort eine große Zahl alter Waschbecken, Türen, Fenster und ähnliches finden kann. So kann man gleich am Eingang viele alte Eisengitter bewundern; allerdings sind die meisten nicht mehr intakt, sondern in Stücke geschnitten. Ab und zu tauchen Zinkhüllen von Pariser Dachgauben auf, aus denen sich Einfassungen für Spiegel machen lassen. Alles wird sehr preisgünstig abgegeben.

Au Marché Biron   In der gleichen Straße ist ein Unternehmen, bei dem alles zu finden ist, was ein altes Pariser hôtel particulier als Stadtpalais auszeichnete. Noch Mitte 1999 wurde dort eine schwere, eiserne Portalanlage mit eigener Zu- und Abfahrt aus dem Palais eines russischen Prinzen angeboten, wie sie sie auch bei feinen Clubs in der Londoner City gibt. Der verlangte Preis war auch entsprechend hoch.

De Coninck S.A.R.L.   In der Parallelstraße Rue des Rosiers unterhält die Firma De Coninck – Les Vielles Pierres du Mellois aus Melle ein Verkaufsbüro. In ihrem Programm gibt es stets komplette Gebäu-

de, Anlagen und Fassaden, alles mit Pariser Flair: Kapellen, Fabrik-
fassaden aus dem 19. Jahrhundert, die typischen verglasten Veranden von Pariser Straßencafés – kurzum, ähnliche Architekturelemente, wie sie auch in Houdan versteigert werden, aber nicht aus
handwerklicher, sondern aus industrieller Fertigung.

Einige Unternehmen verstehen sich als Spezialisten für »Bau-Anti-
quitäten«. Dies sind meist spezialisierte, eher kleine Händler mit
Okkasionen. Es würde den Rahmen dieses Buches sprengen, würde
man alle ihre Namen und Adressen aufführen. Ich unterstelle, dass
der Liebhaber von Antikem ohnehin einen Spaziergang durch die
Alleen der Stände unternimmt.

71

    Geht man die *Rue des rosiers* weiter, vorbei am Marché Biron und
zwei Mal rechts um die Ecke, stößt man auf **Jean Neveu**, einen
Restaurator von Möbeln, der stets ausgefallene Kuriositäten und
Dekorationen im Angebot hat sowie Eisentore, Säulen und ähnliches Material. Neben seinem Geschäft befindet sich eine gemüt-

Dieser Wandbrunnen aus Sandstein wurde 1999 gemeinsam mit dem
Renaissancelöwen und einer weiblichen Statuette von der Firma *Redivivae
– La Brocante du Bâtiment –* in Illkirch im Elsass angeboten.

Französischer Küchenherd um 1900 mit einzeln aufgeschraubten Kacheln, der
für Frankreich ebenso typisch ist wie der weiße Emailherd für Deutschland. In
der *Antik Ofen Galerie von Markus und Ruth Stritzinger* in Burrweiler/Pfalz
können Sie unter 500 Öfen aus allen Epochen und Regionen auch einige Öfen
aus Frankreich bewundern.

liche Gartenwirtschaft, wo man sich stärken kann, bevor man sich
in den endlosen Alleen der einzelnen Marchés verliert.

Der Flohmarkt an der Porte de Vanves   Die Engländer, die leiden-
schaftliche Flohmarktbesucher sind und auf ihrer Insel ein dichtes
Netz von Versteigerungshäusern und *Flea Markets* haben, veranstalten nicht nur Sonderfahrten zum Flohmarkt von St. Ouen, sondern
begeben sich am folgenden Tag weiter zur *Porte de Vanves*. Man kann
dort das Gleiche finden wie in St. Ouen; wer also an der *Porte de
Clignancourt* noch nicht fündig geworden ist, kann hier noch einmal
sein Glück versuchen, sofern die Zeit reicht.

Dieser vom *L'Atelier du Poêle* in Kaltenhouse/Elsass restaurierte runde Kachelofen mit blauem Dekor auf weißem Grund und Messingbändern ist nicht nur
im Elsass, sondern auch im Basler Raum und im Schwarzwald verbreitet.

Porto Bello An der *Avenue Victor Hugo* im Pariser Vorort *Boulogne-Billancourt*, befindet sich für den Entdeckungsreisenden ein weiteres Paradies, das einen Besuch lohnt.

Antiquitätenmessen In Paris finden regelmäßig Verkaufsausstellungen und Antiquitätenmessen statt, auf denen immer wieder Brunnen und ähnliche dekorative Einzelstücke für die Möblierung des Gartens angeboten werden.

74

Adressen im Elsass Weit von Paris entfernt, aber von Deutschland aus gut zu erreichen, ist das Elsass. Hierher reist man nicht nur wegen der Gastronomie; auch Sammler von historischen Bauelementen kommen auf ihre Kosten.

Straßburg und »La Brocante du Bâtiment« Für Frankreichreisende ist Straßburg immer einen Stopp wert, zumal es auch dort regelmäßig Flohmärkte gibt und die hier angebotenen Baustoffe ähnlich denen im benachbarten Baden und in der Schweiz sind. Liebhaber antiker Baustoffe sollten die Firma *La Brocante du Bâtiment* ansteuern, die an der östlichen Seite der Schnellstraße liegt, die von Straßburg aus nach Mülhausen bzw. zum Flughafen führt. An einer neuen Verkehrsführung wurde 1999 noch gebaut. Das Problem ist, dass man die Firma von der Straße aus nicht sehen kann. Entlang der Schnellstraße verläuft eine Industriestraße, und an dieser Industriestraße liegt ein Hotel und ein *Trocante*-Geschäft. Genau dazwischen führt die *rue de l'Ile* zu dem Lager antiker Bauelemente. Es gibt bei *La Brocante du Bâtiment* im Prinzip genau das gleiche wie in Houdan. Mir sind speziell die vielen schönen Säulen aufgefallen. Reizvoll sind auch die zahlreichen Einzelstücke aus rotem Sandstein, die in Frankreich in dieser Farbe sonst kaum zu finden sind.

Fazit Auch wenn Sie nur einen kurzen Abstecher nach Paris machen, werden Sie genügend historisches Baumaterial entdecken. Der lange in Frankreich akkreditierte deutsche Journalist Ulrich Wickert hat einmal geschrieben, dass man, wenn man fünf Jahre in Paris lebe, feststellen müsse, dass Paris nicht Frankreich sei. Erst nach weiteren fünf Jahren werde man zu der Erkenntnis kommen, dass Paris letztlich doch Frankreich ist.

Ausgedehnte

Streifzüge

durch Frankreich

Frankreich ist heute ein zentralistisch strukturiertes Land mit einer straffen, einheitlich organisierten Verwaltung. In jeder französischen Stadt haben daher die Boulevards die gleichen Namen: Foch, Victor Hugo, General de Gaulle, Verdun, 8. Mai, 4. September, 11. November. Dennoch: Trotz der geistigen Gleichschaltung sind die vielen Eigenheiten der alten königlichen Provinzen, die auf der Landkarte im Anhang S. 144 zu finden sind, wie die *Gascogne*, *Poitou*, *Limousin*, *Burgund*, *Champagne* und *Auvergne* erhalten geblieben. Die staatlichen Baubehörden achten darauf, dass regionale Besonderheiten gepflegt werden. Dessen ungeachtet sind die Bauwerke der Epoche Napoleon III und die Herrensitze der Zeit von Louis XIV und Louis XV einander sehr ähnlich und überall in Frankreich ver-

Die regionalen und natürlichen Baumaterialien dieses französischen Bauernhauses in St. Pierreville lassen das Gebäude mit der Landschaft verschmelzen.

Pierre-Yves Glotin, Spezialist für edle Kamine und Antike Bauelemente, hat diese Bilder vom Charme der Vergänglichkeit seiner französischen Heimat vor Augen, wenn er in Wolfratshausen in Bayern seine Vorstellungen vom Bauen und Wohnen mit historischen Baumaterialien transparent machen möchte.

treten. Deswegen findet man eine Balkonbrüstung im klassischen Pariser Stil sowohl im Süden des Landes als auch an der Loire, keineswegs nur in Paris. Gleiches gilt für Freunde des Baustils der Zeit Napoleon III. Wer allerdings Fachwerkbauten englischer Art bevorzugt, muss sich die Mühe machen, in die Normandie oder in die Bretagne zu reisen.

76

Nicht überall in Frankreich lohnt es sich, nach antikem Baumaterial zu suchen. Manche ländlichen Gebiete sind für ihre Armut bekannt, wie zum Beispiel die Gebirge der *Franche Comté*, das *Massif Central* und das *Morvais*. Natürlich gibt es dort auch antikes Baumaterial, aber schon wegen der weiten Transportwege lohnt es sich kaum, dorthin zu fahren, um etwa Gartentore zu kaufen, die in besser erreichbaren Gebieten ebenfalls zu finden sind. Hinzu kommt, dass die Bauernhäuser dort häufig nur aus den einfachsten Baumaterialien und Feldsteinen errichtet wurden. Was aus den vor länge-

Beim Rückbau von Bauernhäusern aus Feldsteinen fallen kaum Bauantiquitäten an, denn die Lesesteine wurden vor ihrem Einbau nur selten behauen.

rer Zeit verlassenen Anwesen demontiert werden konnte, ist längst entfernt worden. Natürlich findet man überall Ruinen, die man kaufen könnte. Doch den damit verbundenen Aufwand kann man sich sparen. Ich rate ab, sich einer solchen Versuchung auszusetzen und etwa eine alte Mühle an der Yonne zu erwerben, um sie zu zerlegen. Man reise besser in Gegenden, in denen es genug Material gibt – das sind vor allem die Gegend von Paris, der Süden des Landes und einige Regionen im Norden und Nordwesten.

78   ## Die Systeme Commissaires-Priseurs, Troc de l'Ile und Trocante

In Frankreich sind viele Dinge anders als in Deutschland. Die Praxis zur Wiederverwendung ganz normaler Haushaltsgegenstände ist z. B. dort größer als bei uns. Das französische Bürgerliche Gesetzbuch schreibt genau vor, welches Stuckwerk und welche Spiegel ein Mieter von den Wänden einer alten Wohnung entfernen und mitnehmen darf, wenn er auszieht. Dem Wohnungszubehör wird generell ein höherer Wert beigemessen als in der deutschen, auf Dauerverbesserung eingestellten Gesellschaft. Nichts wird in Frankreich für entbehrlich gehalten, nur weil es veraltet ist.

Das Eigentum von Unternehmen, die in Konkurs gegangen sind, wird nicht durch Konkursverwalter liquidiert, sondern von den *Commissaires-Priseurs*, die die Konkursware in Losen sammeln und sie zugunsten von Staat und Sozialkassen versteigern. Dieses Monopol der *Commissaire-Priseurs* zur Versteigerung ist eigentlich unhaltbar geworden. Unter dem Druck der Europäischen Union (und dem einflussreicher britischer Auktionshäuser) veranstaltet der französische Staat einen Eiertanz um eine neue Gesetzgebung, denn schon 1998 hätte das Monopol aufgehoben werden sollen. Weil man aber nicht jeden Versteigerer aus dem Ausland einladen möchte, in Frankreich aktiv zu werden, ist es bis jetzt nicht gelungen, einen Gesetzestext zu formulieren, der die französischen Vorstellungen mit den europäischen in Einklang bringt.

Dieser gusseiserne Heizkörper mit floral verzierten Rippen und der in Deutschland seltenen Zusatzausstattung eines Warmhaltefaches stand bei *Michel Matériaux Anciens* in Auxerre, dessen Herz sonst für seine mehr als 100 Kamine schlägt.

Ein staatliches Monopol fördert graue Märkte. Die Privatwirtschaft entwickelt alternative Lösungen, um gewisse Versorgungsengpässe abzubauen. Droht einer Firma in Frankreich der Konkurs, so wird versucht, vorher noch vieles zu Geld zu machen. Für den Absatz solcher Waren und Güter ist in Frankreich das System der *Trocs* und ähnlicher Organisationen entstanden.

Unter einem *Troc* versteht der Franzose und auch der Spanier den Tauschhandel. Hier wird aber nicht wirklich Ware gegen Ware getauscht. Das System funktioniert ganz einfach. Der Kunde liefert seine Ware ab, die mit einem höchst möglichen, aber noch erzielbaren Preis ausgezeichnet wird und insgesamt drei Monate in der Halle bleibt. Von diesem Erlös erhält der Unternehmer 30 Prozent. Alle vier Wochen wird der Preis um 10 Prozent nach unten korrigiert. *Troc de l'Ile* und *La Trocante* sind die größten dieser Franchise-Ketten, es gibt aber auch kleinere, unabhängige Unternehmer, die

79

Radiateurs Fleurs – Gusseiserne Pracht auf Füßen

nach dem gleichen System arbeiten. Bei diesen Firmen lagern in riesigen Hallen Küchengeräte, Schränke, Sofas und anderer Hausrat, alles aus zweiter Hand; viele Firmen führen auch Antiquitäten oder Baumaterialien. Man findet dort immer Türen, Fensterläden oder gusseiserne Öfen.

Die Unternehmen der Ketten *Troc de l'Ile* und *La Trocante* sind in jeder größeren Stadt präsent, meist in den Gewerbegebieten oder an den Haupteinfallstraßen; man braucht nicht lange zu suchen. Sie weisen mit Werbeschildern gut erkennbar auf sich hin. In jeder Stadt mit mehr als 50.000 Einwohnern existiert mindestens eine solche Gebrauchtwarenhalle. In Montpellier mit 200.000 Einwohnern sind zwei *Troc de l'Ile* und eine *Trocante* aktiv.

Wie hier in Montpellier gibt es in vielen Städten Frankreichs die Verkaufsstellen der *Troc und Trocante* , die auf Kommissionsbasis mit dem Einlieferer gebrauchte Waren und Trödel anbieten. Darunter findet man auch immer wieder alte Bauelemente wie Türen und Fenster.

Emmaüs

Auf noch einfacherem Niveau gibt es eine über ganz Frankreich verbreitete Organisation mit dem biblischen Namen *Emmaüs*. Die zwei Punkte auf dem »u« zeigen dem Franzosen an, dass er nicht das *au* zu *o* zusammenziehen darf, sondern das Wort wie im Deutschen mehrsilbig aussprechen soll.

Emmaüs ist ein Verein zur Selbsthilfe. In dessen Verkaufsräumen kommt so ziemlich alles zusammen, was das Fahrende Volk findet oder organisiert. Großzügige Spender liefern ebenfalls Sachen ab, denen sie keinen Wert mehr beimessen. Es werden auch gebrauchte Kleider gesammelt und sortiert, die billig verkauft werden. Hin und wieder gibt es auch Baumaterial wie Fensterläden, Türen oder Gartenzäune. Die *Emmaüs*-Organisation gibt es praktisch in der Nähe einer jeden französischen Stadt, von 20.000 Einwohnern an aufwärts.

81

Wohlgemerkt: in der Nähe. Weil auch das Gelände, auf dem diese Waren gesammelt werden, nichts kosten darf, liegt das von Béziers zum Beispiel an der Nationalstraße Richtung Narbonne, das von Arles auf dem Weg nach Aigues Mortes hinter einem Bahndamm. Simple Holzschilder, die dem an auffallende Werbung gewöhnten Verbraucher bedeutungslos erscheinen, weisen den Weg zu diesen Plätzen. Ich persönlich bin der Meinung, dass es sich in der Regel nicht lohnt, diese Plätze aufzusuchen.

Normannische und bretonische Bauelemente

In 14130 Surville an der Nationalstraße nach Rouen befindet sich das Gelände der Firma **Normandie Récupération**, bei der Sie nicht nur die üblichen Elemente vom Wasserbecken über Portale bis zu Bodenbelägen aller Art finden, sondern auch Teile für normannisches Fachwerk. Eine große Auswahl an Material aus dem Abriss alter Häuser finden Sie auch bei **Occamat** an der Route Nationale 13 in 14370 Méry-Corbon.

Wesentlich interessanter für die Mehrzahl der Bauinteressierten sind bei der Suche nach historischen Baumaterialien jedoch nicht

der Norden und Westen von Frankreich, die Normandie und Bretagne, sondern der Süden und Südwesten, wo die Reize der mediterranen Region mit ihrem speziellen Baustil viele Touristen und bau- und kaufwillige Ausländer anlocken und auch die großstadtmüden Franzosen zum Kauf eines Feriendomizils verführen.

Der Süden Frankreichs

Wer von Paris kommend in den Süden fahren will, nimmt zunächst die A6, die *Autoroute du Soleil* in Richtung *Chalon-sur-Saône*. Urlauberscharen bevölkern in den Sommermonaten die beiden Nationalstraßen links und rechts der »Sonnenautobahn«. Hier findet man zahlreiche Antiquitätenhändler, die manchmal mehr, manchmal weniger Material aus dem Architekturbereich anzubieten haben. Für den Reisenden nach Süden stellt sich immer wieder die Frage, wo er die Autobahn verlassen soll. Es empfiehlt sich, spätestens südlich der Stadt Beaune von der Autobahn herunter zu fahren.

Jean-Jacques Guillemin   Auf halber Entfernung zwischen Chalon-sur-Saône und Mâcon liegt 71700 Tournus, wo M. Jean-Jacques Guillemin an der RN 6 gegenüber dem Restaurant Creuze ein Geschäft hat, das u.a. *boiseries* und *cheminées* anbietet, also Kamine und Holzvertäfelungen. Anfang 1999 entdeckte ich bei ihm eine komplette Apotheke mit Holzvertäfelungen mit vielen Säulen und zwei Durchgängen mit Doppeltüren zu Labor und Wohnung.

Wer sich die Gebühren schon seit Besançon spart und Chalon-sur-Saône über die Nationalstraße ansteuert, reist durch ein kleines Gebiet mit interessanten Weinen, den *vin jaunes*, den *vin de paille*, kommt aber nur an Trödlern mit sehr wenig gutem Material vorbei. Doch sobald man in den Großraum Lyon gelangt, wird es interessanter.

Französisches Fachwerkhaus in Honfleur in der Normandie, das 1999 zum Verkauf angeboten wurde. Die Bausubstanz ist so intakt, dass es sich lohnen würde, mit Altmaterialien und handwerklichem Geschick eine sensible Restaurierung durchzuführen.

Normannisches Fachwerk

Der französische Bauantiquitätenführer *Les Antiquaires du bâtiment* aus dem Jahr 1994 erwähnt, dass die meisten Firmen sich an der A7, die sich ab Lyon an die A6 anschließt, bzw. an der dazu parallel verlaufenden Nationalstraße N7 befinden. Auch ich kann nur empfehlen, L'Isle sur la Sorgue anzusteuern und spätestens ab Valence auf der Nationalstraße weiterzufahren, an der die Schätze aus Abbrüchen angeboten werden.

Matériaux Ancien, Claude Augustin   104 Route Nationale 6, 69380 Les Chères. Es lohnt sich, Monsieur Augustin zu besuchen, der Säulen und Wendeltreppen, Schmiedeeisen, Portale, Kamine und Bodenfliesen in großer Auswahl anbietet. Nur 15 Minuten von Lyon entfernt erreicht man ihn über die A6, Ausfahrt Ansse oder Villefranche.

Garnier Alban   In 42000 Saint Etienne, 23 rue Jean-Huss befindet sich abseits der Hauptstraße die Firma Garnier Alban, die altes Material, Kunstschmiedearbeiten, Steine, Wasserbecken, Pflaster,

Bereits am Eingang der Firma *Garnier Alban* in Saint Etienne erkennt man, dass diese Firma zu den Großanbietern gehört, die alle Baumaterialien und Architekturdetails auf Lager hat. Hier sehen Sie Eisenwaren und dekorative Gartenelemente, im Inneren lagern regelmäßig bis zu 700 Türen.

84

Türen, Tore und Brunnen verkauft. Garnier Alban besucht auch die *Déballages* in Lyon und Montpellier.

Lemière & Allibert Dieses Unternehmen finden Sie wesentlich weiter im Süden in 26230 Valaurie, zwischen den Autobahnausfahrten Bollène und Valras. Ihr Domizil befindet sich rechts an der Straße am Ortseingang vor Valaurie. Hier entdecken Sie besonders schöne Bögen aller Art, in erster Linie jedoch Architekturelemente aus Stein und, nach meiner Erinnerung, nur wenige eiserne Dinge.

In Orange haben Sie die Provence erreicht und müssen wählen, ob Sie in Richtung Marseille oder westlich nach Montpellier fahren wollen. Entscheiden Sie sich für die Richtung Marseille, erreichen Sie die *Vaucluse*, eine Region, in der sich die Händler mit altem Baumaterial nur so drängen.

85

Provence Retrouvée An der Route Nationale 100 bei Kilometer 4, in der Route d'Apt finden Sie in 84800 L'Isle sur la Sorgue die Firma Provence Retrouvée mit großartigen Portalanlagen, die auf Wunsch auch nachgefertigt werden. Der Inhaber der Firma ist Steinmetz

Immer wieder reizvoll die große Auswahl an Trögen und Becken für draußen. Im Hintergrund demontierte Heizkörper, die begehrten *Radiateurs fleurs*.

und hat sich u. a. darauf spezialisiert, aus den Materialresten seiner Arbeit die beliebten Portalfiguren aus einer Mischung von Beton und Steinmehl nachzugießen.

Man muss wissen, dass die vermögenderen Franzosen zwischen Orange und Nizza ihre Sommerlandsitze haben, die sie standesgemäß auszustatten pflegen. Insbesondere die Region des *Lubéron* erfreut sich hoher Bodenpreise und vieler Villen mit klassischen Fassaden. Das heißt: In dieser Gegend ist alles zu bekommen, aber weniger unter dem Gesichtspunkt weggelegten Baumaterials als unter dem einer Verfeinerung bestehender Objekte durch möglichst kostbares altes Material.

Das *Lubéron* ist eine Gegend, die von den Franzosen mit BCBG bezeichnet wird. Diese Abkürzung steht für *Bon Chic Bon Genre* und verlangt von allen, die dazugehören möchten, das Tragen ganz bestimmter Kleidung bis zu den Socken, das Fahren bestimmter

Am Eingang von *Redivivae – La Brocante du Bâtiment* in Illkirch erwartet den Besucher die Vielfalt der französischen Bauantiquitäten: Statuen, Kamine aus Stein, Säulen, Vasen, Gartentore aus Schmiedeeisen und vieles mehr. Dieses Sortiment findet man in ganz Frankreich.

Autos in bestimmten Farben und natürlich auch die Gegenden, in denen man zu wohnen hat und die innenarchitektonische Ausstattung mit den stilgemäßen richtigen Baumaterialien.

Um diese konservative Kundschaft zu bedienen, haben sich südlich der *Durance* zahlreiche Händler mit antiken Bauantiquitäten etabliert. Gefragt sind immer wieder Kamine, große Portale, die »richtigen« Bodenfliesen aus antiken *Terres cuites* und die »adäquaten« Dacheindeckungen.

Diese für Frankreich sehr typische Ware findet sich etwa bei **Jean Chabaud** in der Route de Garcas, 84400 Apt. Weil dieser Stil aber keine Modeerscheinung, sondern mindestens seit der Revolution von 1848 eine konservative Gesellschaftshaltung ist, sind die »richtigen« Kamine und Toreinfahrten seit 1848 immer wieder in der klassischen Form des südfranzösischen Barocks und der Zeit des Directoires »re-editiert« worden, so dass man vor lauter Kopien aus dem Letzten Jahrhundert eigentlich jenen Leuten dankbar sein muss, die im 20. Jahrhundert neue Stile geschaffen haben. Wer indessen die konservative Grundeinstellung der französischen Gesellschaft teilt, sollte seine Ferien im *Lubéron* verbringen und das Ambiente zwischen Aix-en-Provence und Orange in vollen Zügen genießen.

Wenn Sie mit der Auswahl an Baumaterialien in dieser Ecke Frankreichs nicht allzu viel anzufangen wissen, sollten Sie in Richtung Montpellier weiterreisen. Wer aber auch nachgemachte Bauwerksteile als Replikate akzeptieren kann, ist zwischen Orange und Durance im Paradies angekommen. Man muss aber relativ viel umherfahren, weil diese kleineren Händler manchmal nur weniger als zehn Architekturelemente anzubieten haben und ihr Geld mit dem Verkauf von Stühlen und Schränken verdienen.

Brachet Provence Vieux Matériaux   In 84300 Cavaillon beispielsweise befindet sich links an der Straße, die von St. Remis de Provence hierher führt, am *Rond Point de Camp*, die Firma Brachet, bei der ich eine charmante Antiquitätenhändlerin traf. Sie zeigte mir schöne Einrichtungsgegenstände der feinen ländlichen Art, die eine Zierde jedes französischen Landsitzes wären; im Hof vor dem Anwesen waren noch 1999 einige imposante antike Säulen und Bögen aufgestellt. Wer also den *Lubéron* in Richtung Montpellier verlassen möchte, kommt an Nîmes vorbei und sollte spätestens nach der letzten *Péage*-Station von der *Languedocienne* herunterfahren und nördlich der Autobahn die N 113 benutzen.

Les Matériaux d'Autrefois   Kurz vor Montpellier finden Sie an der RN 113 in einem Gewerbegebiet von 34740 Vendargues die Firma Les Matériaux d'Autrefois. Ihr Gelände liegt rechts neben der Straße in Richtung Westen und ist nicht zu übersehen. Brunnenanlagen, Säulen und Dekorationsgegenstände aller Art, vor allem jede Art von *dalles* (Fußbodenplatten) sind dort zu bekommen. Auf Lager sind stets Dachziegel, Bodenfliesen und Holzbalken. Viel Material kommt aus Spanien nach Montpellier und geht wieder in die ganze Welt.

Auf dem Lagerplatz von *Provence Retrouvée* in L'Isle sur la Sorgue bei Apt findet der interessierte Käufer einen Querschnitt durch das klassische französische Programm an Bauantiquitäten und dekorativen Gartenelementen.

Wenn Sie die Autobahn bereits in Pont St. Esprit verlassen haben und auf der RN 86 nach Nîmes fahren, kommen Sie an mehreren Antiquitätenhändlern vorbei, die in beschränktem Umfang auch Baumaterial haben; meist sind es steinerne Wasserbecken, Fensterläden und Gartenzubehör. In Lunel finden Sie rechts an der Hauptstraße gegenüber dem Stadtpark z. B. einen Händler, der neben viel Gerümpel Gartentische und Gartenurnen anbietet.

Flohmärkte und Trocs   Beim Stadion von Nîmes ist jeden Sonntag Flohmarkt. Ebenfalls sonntags findet auch in Montpellier ein Flohmarkt statt, noch größer als der in Nîmes. Dort sind stets zwei Händler vertreten, die Landhaustüren, schöne alte Badewannen und anderes Hauszubehör anbieten. Beide haben reelle Preise. Es lohnt sich auch, die *Trocs* zu besuchen, von denen eines linksseitig von der RN 113 liegt. Das andere finden Sie nach Verlassen Mont-

89

pelliers ebenfalls auf der RN 113 gleich hinter St. Jean de Vedas, aber noch vor Fabrègues, wenn man Richtung Mèze fährt.

Troc de l'Ile   Der *Troc de l'Ile* vor Montpellier an der N113 hatte eine zeitlang auffallend viele gusseiserne Gartenvasen; derjenige hinter Montpellier profitiert mehr von den Initiativen französischer Häuslebauer, die ihre Eigenheime per *bricolage* im do-it-yourself-Verfahren einem ständigen Verbesserungsprozess unterziehen.

La Trocante   Schwieriger zu entdecken ist das Geschäft *La Trocante* in Montpellier, das sich auf einer Nebenstraße zur Avenue de la Mer befindet. Sie kommen dorthin, wenn Sie hinter dem *Hôtel de la*

90

Kamine aller Epochen und Stile sind die wichtigste Ware der französischen Händler. Das Lager von *Jean Chabaud* in Apt ist reich bestückt mit Exemplaren aus Stein und Marmor. Zur Abwechslung im Vordergrund ein schlichter Brunnen mit einem Podest, mit Wasserspendern auf beiden Seiten.

Région in Richtung Carnon an der neuen Universität Montpellier fahren. Nicht zu verwechseln ist diese Avenue mit der Schnellstraße nach Carnon, die am Flughafen Fréjorgue vorbeiführt.

Galérie de l'Arcade, Jean François René   Südwestlich von Montpellier sollte man nicht die Stadt Pézenas auslassen. Von Montpellier kommend, fährt man via Mèze Richtung Béziers in die Stadt hinein, wo Sie bereits kurz nach Passieren der Stadtgrenze links und rechts die ersten Antiquitätenhändler sehen. In der ersten großen Linkskurve kurz vor dem Zentrum befindet sich die Galerie von Jean François René, 8, place des Etats de Languedoc. Hier finden Sie stets Gitter, Ziegel, Lukarnen, Brunnen und Statuen aus der Zeit vor der Revolution von 1789.

91

Bei der Firma *Les Matériaux d'Autrefois* in Vendargues findet man die gesamte Bandbreite historischer Bauantiquitäten und Baumaterialien, von Kachelöfen und Gittern bis zu Bodenplatten aus Stein.

Kamine von der Gotik bis zum Klassizismus, aus Marmor und Stein

Fährt man in Pézenas in Richtung Béziers um die Altstadt mit ihren schönen Häusern und gepflegte Haustüren herum, findet man an der Ausfallstraße wiederum einen *Brocante* nach dem anderen. Einige haben in ihrem Angebot auch Architekturelemente und immer wieder Vasen und Gartenurnen. Ich habe nicht herausfinden können, warum sich ausgerechnet in Pézenas so viele Antiquitätenhändler niedergelassen haben. Es ist nun einmal so, und die Konkurrenz scheint die Geschäfte wirklich zu beleben, denn man kann heute diese Stadt nicht mehr ignorieren, wenn man auf der Suche nach Antiquitäten ist. Für den Sammler ist es ein Abenteuer, hier zu stöbern, und auch kein Profi sollte diese Stadt auslassen.

93

Monsieur Ivon Um ihn aufzusuchen, empfiehlt es sich, von Montpellier kommend die Nationalstraße 109 in Richtung Millau zu benutzen. Wenn man in St. André-de-Sangonis nach links abbiegt, kommt man nach Ceyras. Hinter einem Imbiss in der Ortsmitte, hinter der Baufluchtlinie, entdecken Sie die Hallen von Monsieur Ivon, der hier Material aus Entrümpelungen verkauft. Die auf den durchweg unrestaurierten Stücken mit Kreide geschriebenen Preise werden gern nach unten korrigiert, wenn der Kunde ernstes Interesse zeigt. Bei Ivon kaufen viele Händler ein; er hat auch stets zahlreiche Türen im Angebot.

Jeden ersten Sonntag im Monat (der Tag wechselt gelegentlich) wird in Béziers eine *Déballage* veranstaltet. Als ich noch in Südfrankreich lebte, bin ich dort immer hingefahren. Auf der Straße nach Pézenas gibt es kurz vor Béziers im Industriegebiet einen *Brocantiste*, der ebenfalls viel Gerümpel, aber auch alte Fenster und Badewannen anbietet.

Einheit von Natur, Landschaft und Architektur: Dieses Weingut in der Umgebung von Montsoreau wurde in den Berg hineingebaut. Gerade Weinkenner schätzen die Harmonie und Schönheit historischer Bausubstanz.

Gute Weine und Mauern aus Stein brauchen Zeit zur Reife

Stadtansicht von Olargues mit Brücke im französischen Zentralmassiv, nordwestlich von Béziers, ein Refugium traditioneller Bauweise.

Der Südwesten Frankreichs

Die Region um Bordeaux und besonders die Halbinsel Médoc sind der Sitz unzähliger Châteaux, deren Namen vor allem Liebhabern guter Weine ein Begriff sind. Hierher kommt man wegen des Weins, und nicht wie an der Loire zur Besichtigung der Schlösser. Die Schlossherren geben zwar einzelne Flaschen ab, aber natürlich kann man dort den Wein nicht einfach wie beim Milchmann kaufen: Man muss ihn abonnieren und jeweils mindestens zwölf Flaschen des noch gar nicht abgefüllten Jahrgangs abnehmen. Hat man sein Geld über Jahre hinweg gut angelegt, kommt irgendwann der Zeitpunkt, sich den angesammelten Wein zum Hochgenuss nach Hause liefern zu lassen.

Die Châteaux sind wirtschaftlich gesund. Es versteht sich von selbst, dass man hier keine verrosteten Eisengitter oder vom Zahn der Zeit angenagte Mauern präsentiert; das könnte die werte Kundschaft nur irritieren. Die Schlösser aus den letzten Jahrhunderten sehen stets wie neuerbaut aus.

Schlechthin alles muss dort wie neu aussehen: Eichenfässer zum Beispiel dürfen höchstens zwei Jahre lang benutzt werden, weil der Wein danach nicht mehr von den Taninen des Holzes profitiert. Man bietet sie für 80 Francs zum Kauf an. Ich habe meinen Lieferwagen immer mit gebrauchten (leeren) Fässern aus dem Médoc vollgeladen und bin sie im »gewöhnlichen« Bordeauxgebiet an der Dordogne für ein Mehrfaches losgeworden.

Alte Fässer werden zwar verkauft, aber Steinmaterial und dergleichen wird einfach weggeworfen, wenn es Gebrauchsspuren aufweist. Man kann riesige Steinquader aus den Straßengräben weg ins Fahrzeug laden, wenn man mit dem richtigen Reisegefährt unterwegs ist. Wer sich mit dieser Art der Selbstbedienung schwer tut, kann sich interessantes Baumaterial auch handelsüblich besorgen. Nachfolgend eine Auswahl von Anschriften.

95

Flores   Diese Firma in 33750 Beychac et Caillou vermietet Abbruchmulden und birgt daraus jede Menge Steintreppen, Kamine, Holz, Gitter, Badezimmerausrüstungen und dergleichen.

Dépôt Vente   In Coutras, rue de la Gare, gleich hinter der Eisenbahnlinie, betreibt ein charmantes Ehepaar in einer Halle einen Ankauf und Verkauf mit Gebrauchtwaren, darunter befinden sich auch viele Türen und Fenster. Coutras erreicht man, wenn man von Bordeaux aus über Libourne auf der N 89 in Richtung Périgueux fährt.

Jean-Marie Cazenave   Dieses Unternehmen in 33015 Bordeaux, 55, quai Deschamps, hat sich auf den Verkauf von Baumaterial wie Holz, Hausteine und Bodenfliesen spezialisiert.

Démolition Delair   In der rue Carde Nr. 40, 33000 Bordeaux, finden Sie bei Yves Canessa Steintreppen, Kamine, Türen, Becken aller Art, Säulen, Balustraden, Gitter, Bodenfliesen, Balken und Fensterläden angeboten.

Fer Emeraude   In der rue Cantemerle Nr. 26, Bordeaux, findet man ebenfalls eine interessante Auswahl von Gittern und Toreinfahrten.

Larribere Cheminées Anciennes   Ein unübersehbares Angebot an historischem Material lagert in der rue de Notre Dame Nr. 86. Dieses Unternehmen ist von seiner Struktur her ein Abbruchunternehmen und daher für viele Überraschungen gut.

Das Bauen mit historischen Baustoffen erfordert Zeit und Geduld

Pierres et Vestiges de France Etwas außerhalb von Bordeaux, Richtung Flughafen Mérignac, in 33700 Beutre, hat der Steinmetz Daniel Poisonnet in der av. de l'Argonne Nr. 369 sein Areal. Er kann Ihnen nicht nur alte Bauelemente aus Stein anbieten, sondern diese auch wieder restaurieren.

Weitere Adressen, die anzufahren lohnen, sind:

L'Antiquaire de Quinsac, Domaine Beauregard, 33360 Quinsac; sehr großes Angebot an Türen, Fenstern und antiken Boiseries aus dem 18. und 19. Jahrhundert.

96

Algeo, Zone Industrielle, 33750 St. Quentin de Baron, 3, rue au Genebra; Architekturelemente und antike Baustoffe, im Bergezustand und restauriert.

Fleuraux & Matériaux Anciens, R.N. 117, Kilometer 32, 40300 Peyrehorade, mit einem großen Angebot an Steinkaminen, Bodenplatten aus Terracotta und Architekturelementen.

Marcel Daillère, route de St. Martin de Hinx, 40390 St. André-de-Seignaux. Handwerksmeister und Spezialist für Deckenbalken und altes Eichenholz.

Wenn man viele Plätze hintereinander besucht, so wird man beobachten, dass es sich immer wieder um gleiches oder sehr ähnliches Material handeln wird. Manchmal wird man es dann sogar leid, viele Kilometer gefahren zu sein, um immer wieder den gleichen Typus bürgerlicher Architektur zu bewundern, wenn da nicht der Gedanke im Hinterkopf wäre, man könne etwas ganz ausgefallenes verpassen.

Stillleben bei *Catherine Fleuraux* in Peyrehorade: Säule aus Marmor aus den Steinbrüchen von Carrara in ionischem Stil, die aus drei Teilen, der Basis, dem Schaft und dem Kapitell mit Voluten, besteht. Daneben ein zweiflügeliges, klassizistisches Gartentor.

Der spanische Markt
für Baumaterialien

Wenn Sie einen Urlaub in Spanien nutzen, um von dort aus nach historischem Baumaterial zu suchen, oder wenn Sie gezielt dorthin reisen, werden Sie bei einer guten Planung mit Sicherheit fündig werden. Sie sollten sich vor allem mit der praktischen Lebensart der Spanier (außerhalb der touristischen Zentren) vertraut machen. Es ist wichtig, sich in der Weite des Landes selbst helfen zu können. Die Adressen, die Sie auch im Anhang dieses Buches finden, könnten inzwischen überholt sein, weil an einem einmal aufgegebenen Gewerbestandort meist kein Nachfolgeunternehmen entsteht. Hinzu kommt, dass der Handel mit antiken Baumaterialien kein allgemein praktiziertes Gewerbe ist, sondern meist ein Nebenerwerb von Abbruchunternehmen, Antiquitätenhändlern, Alteisenhändlern und Recyclingfirmen darstellt.

Man muss etwas Phantasie aufbringen und ein Gefühl für diese Branche entwickeln. Es ist sehr unwahrscheinlich, dass Ihnen ein einzelner Streifzug durch Andalusien all das Material Ihrer Wünsche zu Füßen legen wird. Der Zufall müsste dafür sorgen, dass es gerade zeitgenau dort vorhanden ist, wo Sie suchen.

Sprechen Sie mit Maklern und studieren Sie die Gelben Seiten im Telefonbuch, die *paginas amarillas*. Unter den Stichworten *Chatarra* (Schrott) und *Hierros compra y venta* (Alteisen An- und Verkauf), *Demolición*, *Derribos* (Abbruch, Abriss) und *Objetos usados*, *Secunda mano* (Gebrauchtwaren, Second Hand) und *Compra (y) venta* (An- und Verkauf) kommt man an Quellen von Baumaterial heran. Man kann auch, wenn man an einem Schrottplatz für Autos vorbeikommt (*Desguace*), dort nach *rejas* (Gitter) fragen. Oft gibt es solche Gitter in einer eigenen Ecke am Rande des Schrottplatzes. Oder man erhält einen Hinweis, welcher Branchenkollege solche Dinge sammelt und verkauft.

Während die schlichte, hölzerne Tür dieses Abbruchhauses stärkere Schäden zeigt, wäre es sinnvoll, das fein profilierte, rundbogige Sandsteingewand gemeinsam mit dem Oberlichtgitter für eine Wiederverwendung zu bergen.

Untergang oder Bergung? Viele Zufälle sind entscheidend

Spanien ist ein Land der »lebenden Stimme« und einer Gesellschaft, die untereinander nur wenig Heimlichkeiten kennt. Man vertraut auf private Information und gibt »Geheimtipps« auch vertrauensvoll weiter. Das gilt auch für den Handel mit historischem Baumaterial. Immer wieder wird der Fremde dabei feststellen, dass Fremdsprachenkenntnisse in Spanien noch wichtiger sind als in Frankreich. Unter gar keinen Umständen sollten Sie den Antiquitätenhandel meiden, sondern mit den Händlern, die einem sympathisch erscheinen, ganz offen besprechen, was Sie suchen. Man wird sich stets bemühen, Ihnen weiterzuhelfen. Der Händler kann Ihnen auch Material besorgen, er kennt Quellen, die sich anderen nicht öffnen.

100

Weil Spanien ein relativ armes Land ist, wird eigentlich alles verwertet, was noch irgendwie verwertbar ist. Es gibt Menschen, die weggeworfene Haushaltsgeräte zerlegen und das Metall zur *Chatarra* bringen. Folglich sind die meisten alten Ruinen in Bezug auf alte Metalle restlos geplündert. Der Schrotthändler lebt nur davon, dass er seine Tonnen in Schrott zusammen bringt. Wer also antikes Baumaterial bekommen will, muss irgendwo in der Recyclingkette zugreifen.

Flohmärkte

Eine der besten Quellen für antikes Baumaterial sind in Spanien immer noch die Flohmärkte. Dort findet man Waren, die in der Recyclingkette noch ganz am Anfang stehen.

Auf diesen Märkten ist eigentlich alles und zu vernünftigen Preisen zu finden. Selbst auf kleinen Flohmärkten, wie dem von Manilva an der N 340 (*Sabinillas*), gibt es immer ein verlockendes Angebot an Material. Ich war Ende November 1999 dort und entdeckte drei Klappfenster mit Gittern – die Holzläden konnte man doppelt aufklappen –, zwei zweiflügelige Türen mit Bronzeklopfern, den Sockel einer römischen Säule, acht bearbeitete Steine, mehrere große Fensterläden, einen geschmiedeten Bogen für ein Portal, vier gusseiserne Öfen, mindestens zehn große Vasen für den Garten, ein Steinbecken, drei alte Steinfiguren sowie sehr viel Kleinkram wie Beschläge und Türschlösser. Am Sonntag darauf war das Angebot nicht schlechter; ich habe an jenem Tag drei

Der Flohmarkt von Fuengírola bei Málaga inmitten der modernen Stadt hat sich zum Umschlagplatz für Baumaterialien aller Art entwickelt, für die sich zwangsläufig aus dem explosionsartigen Bauboom an der *Costa del Sol* mit den sie begleitenden Abrissen ein reichhaltiges Angebot entwickelt hat.

Fenstergitter gekauft. Wieder ein Wochenende später waren zwei Balkongitter aus der Altstadt von Málaga im Angebot, ein weiterer Händler war mit alten Türen und steinernen Becken gekommen. Auf den Flohmärkten ist also das Angebot insgesamt nicht geringer als bei einem kleineren Geschäft mit Baumaterial.

Franchise und Hilfsorganisationen: Mercadito und Bethel

In Spanien haben sich Franchise-Organisationen nach dem französischen Modell der *troc* etabliert, und zwar unter der Bezeichnung *Mercadito*, also kleiner Markt. In Chiclana habe ich in einem solchen *Mercadito* einen schönen gusseisernen Herd sowie einige Balkontüren gesehen. Ich möchte aber (noch) niemandem nahelegen, diese *Mercaditos* konsequent zu besuchen. Noch ist alles in einer fließenden Entwicklung.

Diese Häuser (links und oben) in Algeciras sind zum Abbruch freigegeben. Die Abbruchunternehmen und Recycler retten hier insbesondere Balkon- und Fenstergitter, Fensterläden und Türen.

Ähnlich wie Emmaüs in Frankreich gibt es auch in Spanien Organisationen, die sich um Menschen in Not kümmern. Es sind die Organisationen **Bethel** sowie Drogenzentren. Bethel zum Beispiel befindet sich in Algeciras am *Paseo Maritimo*, wo Billetverkäufer Tickets nach Tanger und Ceuta verkaufen. Hier kann man Fenster, Kloschüsseln und Marmorgegenstände finden; bei der Drogenorganisation in Algeciras, die sich rechts von der N 340 in Richtung Tarifa an einer bergab führenden Straße vor dem Gasthaus *Venta Rosares* befindet, stehen einige alte, nicht antike Einfahrtstore für Gärten zum Verkauf. Bei Bethel in Málaga stand im Sommer 1999 z. B. ein ganzer Innenhof eines *Cortijo*, also eine Galerie von Säulen und Bögen, zum Verkauf.

Der Süden Spaniens ist im Umbruch

Der Antiquitätenhandel

Der Antiquitätenhandel als Einkaufsquelle für Baumaterial ist in Spanien nicht zu unterschätzen. Viele Händler haben Fenster und Türen anzubieten. In St. Pedro de Alcántara zum Beispiel hat **Señor Alonso Cortes** in der Calle José Ramos, 36 ein Haus, in welchem er eine Werkstatt und ein Lager eingerichtet hat. Das Material verkauft er auf den Flohmärkten zwischen Málaga und Manilva. Bei ihm sah ich eine drei Meter hohe Hauseingangstür, unzählige Zimmertüren, Fensterläden sowie Türen von Einbauschränken. Als erfahrener Mann der Branche ist Señor Cortes auf Wunsch in der

Die Firma *Les Matériaux d'Autrefois* in Vendargues hat nicht nur wie hier sehr große Vasen aus Terracotta auf Lager, die ursprünglich für die Aufbewahrung von Oliven dienten, sondern beliefert mit ihrem umfangreichen Sortiment aus Bodenplatten, Kaminen u.v.m. Kunden in der ganzen Welt.

Lage, weiteres Material aus dem Raum Córdoba zu beschaffen, insbesondere steinerne Säulen, teilweise aus dem Mittelalter.

An dieser Stelle möchte ich daran erinnern, was ich bereits am Anfang des Buches sagte: die Anbieter von Materialien sind sehr gefällig und werden oft durch sinnlose Unhöflichkeit vor den Kopf gestoßen. Wer einen alten und erfahrenen Händler eine Stunde lang mit Verkaufsgesprächen beschäftigt, sollte wenigstens zum Schluss einen alten Topf aus dem 19. Jahrhundert für 5000 Peseten kaufen. Topf und Informationen haben immer diesen Wert für sich allein.

Da die Spanier, wie eine Erhebung ergab, sehr viel weniger als Franzosen lesen, gibt es in ihrem Land auch weniger schriftliche Informationen. Die einzige Antiquitätenzeitung Spaniens ist die *Gaceta de Antigüedades*. Sie kündigt *Desembalajes* nach französischem Vorbild an und weist auf zahlreiche Flohmärkte – *Rastro*, *Mercadillo*, *Mercado* – hin. Die interessantesten *Desembalajes* werden im Frühjahr und im Herbst in den Zentren Madrid und Barcelona veranstaltet. Für die Flohmärkte reisen die spanischen Sinti und Roma weit im Lande herum und schaffen unermüdlich das Material dorthin, wo sie dafür am meisten Geld erwarten können. Deswegen gibt es in diesen beiden Hauptstädten Spaniens auch die größten Flohmärkte, in Barcelona fast an jedem Tag, an Sonntagen in beiden Städten mehrere.

Dennoch ist der ärmere Süden als Einkaufsgebiet nicht zu unterschätzen. Der samstägliche Flohmarkt von Fuengírola bei Malága ist beispielsweise immer einen Besuch wert. Er liegt an der Stadtgrenze an einem trockenen Flussbett an der dem Meer zugewandten Seite der Autobahn (6. Ausfahrt nach Marbella: *Fuengírola-Los Boliches* beim Trafo-Turm). Er ist wirklich sehr groß. Und die Spanier wissen durchaus, was sie anzubieten haben und welchen Preis sie von den Liebhabern verlangen können. Sie sind schon lange in diesem Geschäft und kennen die Nordeuropäer besser als diese die Spanier.

Dekorative Ornamentfliesen aus farbigem Zementguss, die *Carreaux de Ciment*, gibt es als antike Ware, aber auch aus neuer Herstellung.

Auf Abfallhalden lassen sich immer wieder Gegenstände finden, deren Verkauf auf den Flohmärkten lohnt. Man darf also nicht den Schluss ziehen, »alle« Spanier wüssten in diesen Dingen überhaupt nicht Bescheid. Ist der Wert einer Sache einmal erkannt, gibt sie ein Händler kaum unter deren Wert her.

In Fuengírola werden erstaunlich viele Fenster- und Portalgitter angeboten. Die Händler haben allerdings das Problem, solche Ware mit normalen Lieferwagen zu befördern. Die Zulassung größerer Nutzfahrzeuge erfordert eine *Tarjeta de Transporte*, und die kostet viel Geld.

Die alten spanischen Fenster hatten anstatt der heute üblichen verglasten Fensterflügel oft nur hölzerne, sich nach innen öffnende Klappläden. Diese alte Fensterkonstruktion war in den kälteren Ländern des Nordens schon im späten Mittelalter durch Glasflügel abgelöst worden, während sie sich in den südlichen Ländern noch Jahrhundertelang gehalten hat. Geöffnet lassen die hölzernen Läden Licht und Luft in die Räume, geschlossen schützen sie gegen neugierige Blicke und Wettereinflüsse.

Immer wieder bin ich auf dem Markt von Fuengírola Señor Farina und Señor Rivera begegnet. Weil beide nicht jedes Mal alle ihre Fenstervergitterungen mitbringen können, muss man sich also die Mühe machen, Herrn Farina in Baeña und Herrn Rivera in Alcalá de Guadaira aufzusuchen.

Herr Farina ist in seinem kleinen Dorf überall bekannt und leicht zu finden, auch ohne genaue Anschrift. Er verkauft Fenster mit Klappläden und solche mit Gittern und Klappläden, meist unrestauriert, und auch alle Gegenstände der bäuerlichen Alltagskultur; Señor Rivera betrachtet sich selbst als Sammler und verkauft die Dinge in aufgearbeitetem Zustand, also auch teurer. Die Gitter mit Ausbuchtungen erfreuen sich größter Beliebtheit, weil sie zu Wandregalen umfunktioniert werden können, wobei die Klappläden den Schrankrücken darstellen und die Gitter die Regalbretter tragen.

107

Anmutige, weibliche Gartenstatue mit Trauben, etwa 1,50 m hoch, mit Anklängen an die griechische Antike.

Antikes Schönheitsideal – malerisch und stilprägend

Kurze Reise

nach Spanien

Die meisten Städte kann man heute schnell und preiswert auf dem
Luftweg erreichen. Wegen der vielen Charterflüge sind die Flug-
häfen von Málaga und Barcelona preisgünstig anzufliegen, und am
Flughafen von Barcelona bekommen Sie jederzeit einen Leihwagen.
Ein Besuch der Flohmärkte von Fuengírola und Barcelona ist also
auch mal an einem verlängerten Wochenende zu realisieren. Weniger günstig sind Flüge nach Sevilla, wo es ebenfalls *Desembalajes*,
aber beispielsweise auch *Muestras* (Messen) mit Angeboten an
historischen Fenstern gibt. Ohne Auto ist man jedoch in der Weite
des Guadalquivir-Tales schlecht dran.

Nicht immer sind weite Reisen durch Spanien erforderlich, denn
man bekommt auch fast alles in Barcelona. An welchen Wochenen-
den man sich dort einfinden sollte, verrät die *Gaceta de Antigüedades*.
Daneben gibt es die etwas edler aufgemachte *Antiquaria*, die auf
Geschäfte hinweist, die bestimmte Architekturelemente verkaufen,
meist solche, die im Zusammenhang mit der Innenausstattung der
Gebäude stehen oder Kamine anbieten.

Für Flugreisende ist es auch möglich, schnell einmal zu den
Inseln Mallorca und Ibiza zu fliegen. Auf Ibiza sind auch tatsächlich einige Händler mit historischen Baustoffen zu finden. Einer
von ihnen befindet sich an der Carretera de St. Eulalia bei Kilometer 3, der andere an der Carretera St. José bei Kilometer 2,3. In
Palma de Mallorca gibt es gut 35 Antiquitätenhändler, die gerne
die Wünsche der Touristen erfüllen.

Wer an den wenigen kühlen Abenden auch im Süden nicht frieren möchte,
könnte sich an *Theo Holtebrinck – Antike Kachelöfen* in Bad Heilbrunn wenden,
der seine Objekte auch außerhalb Deutschlands aufbaut. Dieser Terracotta-
Salonofen im klassizistischen Stil wird sich durch seine Ausstrahlung von
Material und Farbgebung jedem mediterranen Ambiente anpassen.

Mediterrane Atmosphäre durch schlichte Formen und Farben

Da jedoch die Inseln nur mit dem Schiff oder mit dem Flugzeug erreicht werden können, wird der Heimtransport einer Holztür mit Luftfracht nur die Realisation eines zufälligen Urlaubsfundes sein, weniger das Ergebnis einer planmäßigen Suche nach antiken Bauelementen. Wegen des großen Baubooms auf Mallorca erscheint auch ein Export von der Insel wirtschaftlich wenig vernünftig, ich erlaube mir daher, diese Inseln nicht weiter zu behandeln. Man muss in Gegenden, die einen hohen Touristenzustrom und einen dementsprechenden Importbedarf haben, beim Kauf von Antikem sehr vorsichtig sein. Werden diese »Antiquitäten« aus Holz hergestellt, so ist die Falle sehr oft nicht zu erkennen, denn sie sind nicht für Liebhaber von antikem Baumaterial gedacht, sondern für den weniger interessierten, aber doch sehr vermögenden Aussteiger aus den nördlichen Ländern, der sich seine Villa im maurischen Stil auf die feine englische Art einrichten möchte. Problematisch könnte auch der Kauf von alten Lampen sein, denn sie werden heute massenweise nachgegossen. Die Prachtstraße von Estepona ist mit Hunderten von Straßenlaternen ausgestattet, die alle auf das Jahr 1834 hinweisen. In diesem Jahr muss die Urform für diese Lampen hergestellt worden sein, und solche schmücken heute Straßenzüge, die deutlich jüngeren Datums sind.

Sicherer und daher eher zu empfehlen sind Importe von bekannten Firmen. Ein Spezialist für Kachelöfen in Bayern liefert zum Beispiel immer mal wieder eines seiner wärmenden Prachtstücke auf die Insel, damit dort auch die kühleren Nächte für die Bewohner einer mediterranen *Finca* zu einem angenehmen Erlebnis werden.

Für eine kurze Entdeckungsreise im Raum Barcelona würde ich den Besuch nachfolgend aufgeführter Firmen vorschlagen:

»Otranto« Elementos de Arquitectura Antigua   Bei Otranto in der Paseo San Juan, 142, 08037 Barcelona finden Sie viele Inneneinrichtungs-Gegenstände wie Waschbecken, Einbauschränke usw., aber auch Bauelemente, also eiserne Säulen, Treppen und Türen. Sie sind in einer riesigen Halle in der Stadt zu besichtigen.

Liquidaciones, La Pobla de Claramunt   Dieses Unternehmen, das links an der Hauptstraße liegt, wenn man von Igualada nach

Villafranca de Penedés fährt, ist ebenfalls ungewöhnlich. Dort gibt
es eine interessante Auswahl alter Maschinen und Fabrikeinrichtungen, vom überdimensionalen Blasebalg für Schmieden bis zu
Geräten, mit denen man Eisenreifen auf Holzrädern aufziehen
kann. Das Angebot umfasst natürlich auch Treppen, Gitter, Ram-
pen, Beleuchtungskörper und vieles mehr.

Eine Rarität sind diese vier Säulen aus rotem Marmor, die aus dem 17. Jahrhundert stammen und bei *Enric Serraplanas, La Granja,* in Perelada/Gerona
zu sehen waren.

Mercantic   Der Ort Sant Cugat del Vallés, nördlich von Barcelona hinter dem Autobahntunnel de Valvidriera (Abfahrt Nr. 5) gelegen, ist in jedem Fall ein lohnendes Ziel. Hier bietet die Firma Mercantic in der Rius y Taulot, 120 neben unendlichen vielen Antiquitäten für den Groß- und Einzelhandel auch *elementos arquitectonicos* an. Als leidenschaftlicher Sammler sind seine Preise jedoch unerwartet hoch. So kostete ein Eisengitter 1200 Mark, allerdings mit einem

112

Spanien ist das Land von Hephästos, dem Gott der Schmiedekunst, ein Thema dem sich *Luis Elvira*, Oropesa del Mar, verschrieben hat. Dieses fein gearbeite Gitter stammt aus dem Ende des 15., Anfang des 16. Jahrhunderts und sichert noch heute am Originalplatz einen Reliquienschrein in Valladolid.

historischen Foto dazu, denn es stammt aus der Singer Nähma-
schinenfabrik. Meist am dritten Sonntag eines Monats werden auf
dem 7000 m² großen Gelände auch *Desemballajes* veranstaltet, wo
man günstig Türen, Säulen, Gitter und Portale einkaufen kann.

Von Barcelona gelangt man schnell und einfach mit dem Leihwagen bis zum Ebro und bis nach Lleida, weshalb ich an dieser Stelle
auf dortige Einkaufsquellen hinweisen möchte.

Hierros Delta S.L.   Diese Firma residiert in der Calle Amadeo Torner, 105, 08902 Hospitalet und ist mit einem weiteren Lager an der
Carretara National 340 bei Kilometer 182,350 in 43894 Camarles
vertreten. Hier finden Sie vor allem Eisengitter als *materiales de recuperación y nuevos* an, also aus Rückbau und als Neuware.

113

Luis Elvira   Wer den Weg bis Castellón schafft, sollte kurz vor dieser Stadt bei dem *Anticuario* Luis Elvira hereinschauen. Seine Adresse lautet: C / Ramon y Cajal, 1, 12594 Oropesa del Mar (Castellón).
Auch Don Luis handelt mit antiken Baustoffen. Antiquitätenhändler
stehen zwar in dem Ruf, teuer zu sein, was aber nicht immer stim-
men muss. Sie treffen schließlich eine arbeitsintensive Vorauswahl
des Materials und unterziehen dieses einer gründlichen Reinigung,
bevor es vom Schrottplatz oder vom Baulager einer Abbruchgesell-
schaft in ihr Geschäft kommt. Oft müssen auch Ergänzungen und
Restaurierungen vorgenommen werden.
     Bci Don Luis Elvira finden Sie nicht nur irgendwelche alten
oder antiken Gitter, die üblichen *rejas*, sondern herausragende Einzelstücke spanischer Handwerkskunst. Der Katalog seiner national
viel beachteten Ausstellung zeigte solche beeindruckenden Meister-
werke von der Romanik bis zum 18. Jahrhundert. Von einigen dieser
Sammlerstücke könnte er sich vielleicht trennen.

Sant Pere de Ribes   Ein weiteres Antiquitätengeschäft befindet
sich in Sant Pere de Ribes, und zwar rechts an der Hauptstrasse,
wenn man von Sitges kommt. Leider hat es nur sehr beschränkte
Öffnungszeiten. Im Frühjahr 1999 sah ich hier eine massive Zim-
merdecke aus Holz. Auf dem Hof eines Abbruchunternehmens
wäre in solches Bauteil längst verloren gegangen.

Ausgedehnte
Streifzüge
durch Spanien

Spanien liegt jenseits der Pyrenäen. Das bedeutet, dass Sie für jede Unternehmung in Richtung Spanien den doppelten Anreiseweg veranschlagen müssen im Vergleich zu einer Frankreichreise.

Wenn Sie ein Ferienhaus oder einen Altersruhesitz in Spanien besitzen, sich also im Lande ohnehin länger aufzuhalten pflegen, sind Reisen innerhalb der Iberischen Halbinsel für Sie kein Thema. Setzen Sie aber die Reisedistanzen von Deutschland nach Spanien in Relation zu der Tatsache, dass in Spanien – obwohl es, arithmetisch betrachtet, kleiner als Frankreich ist – die Entfernungen größer sind als in Frankreich, würde man in Spanien vernünftigerweise nie nach Baumaterial suchen.

Die Distanz von Lille nach Biarritz beträgt rund 1000 Kilometer, von Irún nach Algeciras sind es 1250. Die Reisegeografie in Spanien für eine Suche nach historischem Baumaterial ist völlig anders als die einer gewöhnlichen Urlaubsreise.

Ein nicht zu unterschätzendes Manko ist das Fehlen zuverlässiger Landkarten. Dies klingt für unsere Zeit zwar etwas merkwürdig, trifft aber zu. Von der Karte her würde man glauben, die Pyrenäen verliefen in nordwestlich-südöstlicher Richtung. Tatsächlich verlaufen sie in Ost-West Richtung. Weil die Entfernungen so groß sind und da es viele Wege gibt, die sich nicht zwingend dem Lauf von Bergen und Tälern anpassen wie in Deutschland, könnte man sich theoretisch in Spanien so frei bewegen wie mit einem Schiff auf dem Meer.

Als ein Bremer Ehepaar 1995 diese ehemalige Stierkampfarena in Pollensa auf Mallorca entdeckte, waren die steinernen Sitzreihen eingebrochen und von Gestrüpp überwuchert. Nach aufwendigen Renovierungsarbeiten mit alten Sandsteinen zeigt sich dieser Ruheplatz heute als ein Schmuckstück mediterraner Gartenkultur.

Gartenparadies in einer ehemaligen Stierkampfarena

Anfahrtswege mit Auto und Schiff

Bei einer Fahrt durch Spanien ist die auf der Landkarte abgelesene kürzeste Strecke nicht wirklich der kürzeste Weg. So kann es passieren, dass man Fahrzeiten unterschätzt und Baustoffhändler mit stark begrenzten Öffnungszeiten nicht mehr pünktlich besuchen

Die römische Vergangenheit Spaniens ist an vielen Orten spürbar und durch Bodenforschungen belegt. Das *Museo del Arte Romano* in Mérida beherbergt seit 1984 im Keller die Originalausgrabungsfunde vor Ort und im ersten Stock einzelne Fundstücke wie diese majestätische korinthische Säule.

kann. Es gehen dann ganze Tage verloren. Als Baustoffsammler ist man von Irún bis Gibraltar eine Woche unterwegs, während man als Tourist diese Tour an einem Tag absolvieren könnte.

Um nach Spanien zu gelangen, gibt es im Prinzip vier Möglichkeiten. Der Landweg nach Barcelona führt über Irún oder über den Perthus, die beide nach meiner Meinung eine Fortsetzung der Fahrt innerhalb Spaniens ausschließen. Wer schon so weit angereist ist, wird wahrscheinlich nur wenig Lust verspüren, sein Auto noch bis Gibraltar und zurück zu lenken. Wer von Bordeaux über Irún nach Spanien einreist, wird via Barcelona über den Perthus ausreisen wollen. Allein diese Exkursion bedeutet 2000 zusätzliche Kilometer, und man wird in Barcelona vermutlich all das entdecken, was man in Frankreich nicht gefunden hat. Die wenigsten von uns werden über genügend Zeit verfügen, um auf dem Landweg über Frankreich anzureisen und weitere zwei oder drei Wochen auf Spaniens Straßen zu verbringen.

117

Deswegen sollte man ernsthaft die Seewege nach Spanien in Erwägung ziehen. In Betracht kommt die Fähre von Sète nach Tanger (Marokko) und von dort nach Algeciras oder via London die Fähre von Portsmouth nach Bilbao oder Santander (verkehrt nur im Sommer).

Beide Wege ersparen Ihnen gut 1500 Straßenkilometer An- und Rückfahrt. Wenn man nicht gerade in der teuren Hochsaison reist, ist es sehr reizvoll, von England mit der Fähre nach Bilbao überzusetzen, Spanien zu durchqueren, sich wieder in Tanger einzuschiffen und von Sète aus die Heimrcise die Rhône aufwärts anzutreten. Schon von Hamburg aus kann man mit der Fähre nach Harwich in England übersetzen, fährt etwa 100 Kilometer zum Autobahnring um London, von wo es ebenso weit bis Portsmouth ist; dies ist eine Sache von drei Stunden.

Eine weitere Möglichkeit: Sie schiffen sich mit Ihrem Auto in Genua ein, gehen in Barcelona an Land, fahren von dort bis Algeciras, gehen in Tanger wieder für die Rückreise an Bord einer Fähre und fahren von Sète das Rhônetal in nördlicher Richtung zurück nach Deutschland.

Ich finde die Benutzung der Fähren sehr vernünftig, weil man sich ja für die eigentliche Entdeckungsreise Zeit nehmen möchte. Es macht einen chaotischen Eindruck, wenn man eigens mehr als 4000 Kilometer angereist ist, um dann in aller Eile über das Gelän-

de eines Bauantiquars zu hasten. Generell verliert man viel Zeit durch die spanischen Öffnungszeiten; hier schließen die Geschäfte zwischen 14 und 16 Uhr, viele sind nur abends geöffnet. Das heißt, dass die Beschaffung von Baumaterial aus Spanien in erster Linie ein Kampf mit der Zeit ist und man zusammen mit den zeitraubenden Anfahrten zielgenau arbeiten muss.

Industrieräume und landwirtschaftliche Gebiete

Bei der Planung Ihrer Reise durch Spanien sollten Sie wissen, dass in Spanien nur die Räume von Irún und von Barcelona schon früher industrialisiert gewesen waren; folglich sind dort am ehesten antike Baustoffe wie gusseiserne Fabriksäulen und dergleichen aufzutreiben. Eine Fahrt in den Süden des Landes führt Sie in Regionen, in denen Sie vorwiegend landwirtschaftliches Baumaterial finden. Das hängt mit der spanischen Geschichte zusammen, von der man Grundzüge kennen sollte.

119

Von 714 bis ins 11. Jahrhundert war Spanien unter maurischer Herrschaft. Granada und Córdoba waren Zentren ihrer Macht. Ähnlich wie Frankreich war die Iberische Halbinsel im Mittelalter durch Königreiche und christliche Grafschaften geprägt, wie Kastilien, Léon, Granada, Portugal, Navarra, Valencia und Aragonien. Im 16. Jahrhundert war Spanien zur Weltmacht avanciert, unter den letzten Habsburgern kam die Wende durch kräftezehrende Kriege und innre Machtkämpfe. Vor etwa 200 Jahren begann eine Epoche des kontinuierlichen Niedergangs, die zu Beginn des 19. Jahrhunderts mit einer französischen Fremdherrschaft ihren Tiefpunkt fand. Frankreich verdankt Spanien auch sein zentralistisches Verfassungssystems. Die spanischen Regionen sanken auf koloniales Niveau herab. Noch im ersten Drittel des 19. Jahrhunderts machten sich die Kolonien in Südamerika unabhängig; zum Schluss des

Die maurische Vergangenheit Spaniens zeigt sich bei diesen Ruinen der Madinat al-Zahra bei Córdoba, wo im 10. Jahrhundert der Kalif Abd al-Rahman einen prachtvollen Palast baute, der bald zerstört wurde. Heute sind nur noch Impressionen der alten, prachtvollen Gartenanlage spürbar, deren Mittelpunkt für die kurze Zeit von nur 75 Jahren ein glitzerndes, mit Quecksilber gefülltes Wasserbecken war.

Maurische Gartenbaukunst: Wasserspiele und Zierelemente

Jahrhunderts wurde Spanien im Krieg um die Unabhängigkeit von Kuba von den Vereinigten Staaten besiegt. Das restliche Kolonialreich wurde zwischen den USA und Deutschland aufgeteilt. In dieser Zeit, aus der in Deutschland heute die meisten antiken Baumaterialien stammen, gab es in Spanien keinen nennenswerten wirtschaftlichen oder kulturellen Aufschwung. Möbel und Architekturelemente wurden am Ende des 19. Jahrhunderts noch im Stil des 18. Jahrhunderts angefertigt.

Weitere Besonderheiten ergeben sich aus der speziellen Geografie Spaniens. Die Mitte des Landes ist unendlich weit und wird von jeher durch Latifundienbesitzer genutzt. *La Mancha* leitet sich von dem arabischen *ma-ancha* ab, was »weite Ebene« bedeutet. In dieser weiten Ebene hat schon der arme *Don Quichote* lange und vergeblich nach Abenteuern suchen müssen. Und Andalusien ist so groß wie der Freistaat Bayern.

Bautraditionen durch Regionalität und Besiedelung

Das Material für den Hausbau beschränkte sich in jenen Regionen stets auf Tonziegel, *ladrillos*. Dementsprechend kann man dort auch nur Backsteine aus verlassenen Bauernhäusern kaufen. Wer sie haben will, muss nur die Menge nennen und den Preis, den man für die Arbeit des Bergens zu zahlen bereit ist. Wenn man sich darüber handelseinig ist, kann man längst verlassene und verfallene Häuser abbrechen lassen. Im nächsten Jahr wird dann Weizen über den Flächen wachsen.

Etwas dichter besiedelt war Spanien immer nur an seinen Rändern. Der Nordrand von den östlichen Pyrenäen bis Galizien war durch Kelten und die Mittelmeerküste durch Iberer bewohnt. Den Südteil Spaniens hatten die Römer schon lange vor Cäsar erobert. Tarraco (Tarragona) war die Hauptstadt der Scipionen, die von dort aus für Rom auch den Norden zu erobern versuchten. Ob es die Römer überhaupt nachhaltig geschafft haben, ganz Spanien unter ihre Herrschaft zu bekommen, ist nicht sicher bewiesen. Jedenfalls hat der Norden Spaniens mittelalterlich-nordeuropäische Traditionen, der Süden bürgerlich-römische. Folglich gibt es entlang der Mittelmeerküste und besonders in Andalusien viele Baudenkmäler aus römischer Zeit, die im Norden fast völlig fehlen.

Hausdetail in Algeciras: In der Mitte eine noch original erhaltene frühbarocke Fenstergestaltung mit feingliedrigen Kreuzsprossen und einer Fenstereinrahmung aus gekröpften Sandsteinprofilen mit einem dekorativen Balkongitter im Stil der Zeit mit drei prachtvoll geschmiedeten Wandstützen.

Diese Baudenkmäler sind Zeugnisse der Geschichte Spaniens. Besonders das Tal des Guadalquivir war für die römische Welt der Inbegriff Iberiens. Bei Sevilla gründeten sie die Stadt Italica, deren Ruinen noch heute beeindruckend sind. Wer hier alte Steine sucht, kommt hundert Jahre zu spät: Das Terrain ist gut gesichert!

Sevilla hieß in maurischer Zeit Saphalla, wovon die spanischen Juden ihren Namen ableiteten: Sepharden. Man könnte sagen, dass Spanien seine Wurzeln in Andalusien hat. Aber die politische Realität hat die »keltischen« und die »gotischen« Spanier, also jene Herrscher, die das Feudalsystem repräsentierten, ihre Kriege gegen die maurischen und iberischen Königreiche gewinnen lassen – mit der Folge, dass die Hauptsiegermacht Kastilien nach der Vereinigung mit Aragon der iberischen Halbinsel und besonders dem Süden und den amerikanischen Kolonien unbarmherzig seinen katholischen Stempel und sein politisches Herrschaftssystem aufgedrückt hat.

Die antiken, heute noch gut erhaltenen Bauten von Córdoba und Granada lassen den Schluss zu, dass die maurische Herrschaft jener Zeit eine Epoche der Blüte war. Aber die meisten Bauten aus jener Ära sind großenteils kurz nach der christlichen Rückeroberung zerstört worden. Heute sucht man z. B. in Algeciras, das 1344 erobert wurden und dessen Namenteil Al die maurische Herkunft dieser Stadt belegt, beim Abriss alter Häuser aus dem letzten Jahrhundert mühsam nach Resten ihrer arabischen Glanzzeit. Algeciras war von den Arabern selbst zerstört worden, damit keine Reichtümer in christliche Hände fallen. Es war viele Jahrhunderte ein Trümmerhaufen und wurde erst ab 1780 wieder aufgebaut.

Um den Ausflug in die Geschichte Spaniens zu beenden, möchte ich sagen, dass derjenige, der im spanischen Norden nach wirklich interessanten Bauantiquitäten sucht, den Großraum der Stadt Palencia bereisen sollte. Wer auf der Suche nach historisch-mediterranen Baumaterialien herkömmlicher Beschaffenheit ist, wird eher entlang der spanischen Mittelmeerküste fündig. Suchen Sie jedoch ländliches Baumaterial oder Funde aus der Antike, sollte Sie Ihre Reise in den Süden führen. Herrschaftliche Architekturdetails und mittelalterliche Kostbarkeiten wie in Frankreich findet man nur im Norden Spaniens.

Die Universität von Málaga hat 1996 ein Buch unter dem Titel *Museos y Colecciones públicas de Málaga* herausgegeben. Es beschreibt die Museen der Provinz Málaga. Ich empfehle Ihnen, dass sie es sich besorgen, denn es vermittelt Ihnen Kenntnisse, mit denen Sie Touristentrödel von echten historischen Funden zu unterscheiden vermögen. Die Kaufkraft der nordeuropäischen Siedler in Torremolinos, Mijas, Benalmádena, Fuengírola und Marbella hat die örtlichen Marktgesetze erheblich beeinflusst und ein Heer von Keramikern und Schmieden entstehen lassen, die nach dem »rustikalen« Geschmack zugereister Ferienhausbesitzer arbeiten und Dinge herstellen, deren Erwerb keine dauerhafte Freude garantiert.

Der spanische Norden

Das nördliche Spanien beginnt an der französischen Grenze mit dem Baskenland bzw. mit dem Riojagebiet, wenn man von Barcelona oder von Frankreich über Andorra aus anreist. Von dort bewegt man sich an der Achse des Duero entlang. Man kommt an interessanten Weingebieten vorbei und folgt der alten Pilgerstraße mit seinen grandiosen Klöstern.

Man könnte das nördliche Spanien als eine logische Fortsetzung des südlichen Frankreich bezeichnen, und zwar insofern, als es dort im Grunde genau das gleiche zu sehen und zu kaufen gibt.

Die historischen Bauwerke erinnern sehr an die Mauern, Türme und Kirchen in Südfrankreich. Sie wirken nur wuchtiger und in den

Farben trister, weil nicht der helle Kalksandstein Frankreichs, sondern zunächst der weichere Stein der Endmoränen, dann der harte Granit der Gebirge als Baumaterial Verwendung gefunden hat. Beides lässt keine so grazil-liebliche Bauweise wie in Südfrankreich zu. Für den Bau von Toreinfahrten, Portalen, Fensterumrahmungen und Weinkellern ist Granit jedoch durchaus imposant.

Im Handel mit Baustoffen ist Stein vorherrschend. Man stößt immer wieder auf alte steinerne Skulpturen oder auf solche im Stil des Mittelalters, die zum Verkauf angeboten werden. Im Norden Spaniens kann man wirklich gutes und antikes Material, sogenannte *elementos clásicos de arquitectura* finden, deren Kauf die Reise nach Spanien allemal rechtfertigt. Anders als derzeit in Málaga und in den lange vernachlässigten Städten im Süden Spaniens entspricht der Norden dem Erhaltungsniveau des französischen Südens. Im westlichen Teil Nordspaniens wird nicht sehr viel angeboten, dafür wird vieles nachgefertigt. Wirklich wertvolle Stücke stehen auf den Suchlisten französischer Händler, denen der nordspanische Stil keine Geschmacksprobleme bei ihrer Kundschaft aufwirft.

123

Gleich nach Überquerung der Grenze von Frankreich nach Spanien erreicht man das Baskenland, wo **Helena Herrero**, Calle Final de Filipinas in 20240 Ordiniza Guipuzcoa alte Säulen, Fenster, Portale und Eisenwaren anbietet.

La Casa del Coleccionista in der Calle San Antonia 27a in 01005 Vitoria (wo DaimlerChrysler den Vito montieren lässt) bietet eine ähnliche Auswahl.

Antigüedades Brocal an der Plaza San Martin in 31200 Estrella (Navarra). Hier finden Sie viele architektonische Kostbarkeiten.

Wer von Zaragoza nach Logrono hereinkommt, fährt kurz vor der Stadt durch ein Gewerbegebiet, wo auf der linken Seite ein Antiquitätengeschäft Türen und Fenster verkauft.

Den Abschluss Ihrer Reise durch das nördlichen Spanien sollte frühestens die Stadt Santiago de Compostela bilden. In der Abgelegenheit Galiciens hat sich noch viel erhalten können, was die Antiquitätenhändler vor Ort anbieten oder nach Madrid schaffen.

Spätestens auf dem Rückweg kommen Sie an der Universitätsstadt Salamanca vorbei. 20 Kilometer südlich davon hat sich **Señor Enrique Navarro** in 37800 Alba de Tormes, Calle Ochavo, 1, auf Architekturantiquitäten spezialisiert.

Mittel- und Höhepunkt Ihrer Exkursionen im nördlichen Spanien sollte die Stadt Palencia sein. Hier finden die meisten Flohmärkte mit historischem Material statt. Dieser Ort ist zugleich Mittelpunkt einer Landschaft, in der sich die herrschaftlichen Besitze und Bastiden befinden und den Handel mit antikem Baumaterial mit Nachschub versorgen.

125

Sie sollten Madrid nicht auslassen. Hier finden die bedeutendsten Flohmärkte und *Desembalajes* statt, und beim dortigen Antiquitätenhandel sind wirklich gute antike Architekturelemente zu bekommen. Besonders beeindruckend sind alte Zimmerdecken.

Zu empfehlen wäre in Madrid ein Besuch bei folgenden Händlern: **Almacén de Artesanéa y Antigüedades**, Calle Rio Tormes, 9, Poligono Industrial El Nogal, 28110 Algete und **Balboa Mercadillo de Antigüedades**, Calle Munez de Balboa, 63, 28001 Madrid.

Madrid befindet sich in der Mitte Spaniens. Am besten besucht man die Stadt mit dem Flugzeug und beauftragt einen Spediteur, gekaufte Gegenstände abzuholen. Man muss aber wissen, dass derzeit in Madrid keine großen Strukturveränderungen stattfinden und daher das Material aus ganz Spanien für eine zahlungskräftige Kundschaft hierher gebracht wird. Sie finden hier sicher, wonach Sie suchen, aber Sie müssen die Leistung der Händler, die es nach Madrid gebracht haben, auch honorieren.

Wer mit dem Auto nach Madrid gekommen ist und die Stadt über Guadalajara wieder verlässt, sollte unter keinen Umständen Soria auslassen und sich die Ausgrabungen bei Numantia ansehen.

Zeugnisse spanischer Zimmermanns- und Tischlerkunst bei *Rodrigo Plazas Kock*, einem *almacén de trastos* in Marbella. Im Hintergrund mächtige, knapp fünf Meter lange Deckenbalken aus spanischer Eiche, roble, davor ein extrem schlankes, hochrechteckiges Fensterelement mit einem eingebauten Flügel in Rahmenbauweise mit 10 Holz- und 2 Glasfüllungen. Die Maße der beiden Flügel sind jeweils 2,40 mal 0,70 m.

In die Höhe strebendes spanisches Fensterelement

Soria auslassen und sich die Ausgrabungen bei Numantia ansehen. Zuletzt empfehle ich jedem, in Daroca oder in Calatayud reinen *Garnacha*, einen vorzüglichen Wein einzukaufen und mindestens 24 Monate alten, nicht in der Trockenkammer getrockneten Schinken, den *Jamones* in Daroca, und nur dort, zu kaufen.

Der spanische Süden

In Sevilla sind nach der Eroberung durch die Christen (1248) alle maurischen Bauten abgerissen worden. An ihrer Stelle hat man die gotische Kathedrale mit der *Giralda* errichtet. Erst in der Neuzeit hat man wieder an arabisierende Baustile angeknüpft. Anlässlich der Weltausstellung wurde die *Plaza de España* angelegt und dort der spanische Pavillon gebaut.

Die iberische Halbinsel war bis zu Beginn der Neuzeit in verschiedene christliche Reiche aufgeteilt gewesen. Während die Könige von Aragon sich um jene Zeit noch um die Eroberung von Valencia stritten, wehte das Banner der Könige von Kastilien schon längst an den Säulen des Herkules sowie über einigen Plätzen auf dem afrikanischen Kontinent. Bis zum Jahre 1492 waren alle maurischen Gebiete erobert, Kastilien und Aragon zu Spanien vereint.

Im Unterschied zur Geschichte Frankreichs oder Englands ereignete sich dies zu einem Zeitpunkt, als das Feudalzeitalter bereits vorüber war. Andalusien wurde, wie später jede andere spanische Kolonie im eben entdeckten Amerika, dem Großgrundbesitz und einer frühen kapitalistischen Ausbeutung unterworfen. Die Bevölkerung verarmte, viele wanderten aus, andere heuerten für den Kriegsdienst an. Zur Arbeit auf den Latifundien wurden Sklaven herbeigeschafft. Noch heute baut man in Andalusien mit besonderer Förderung der EU Baumwolle (!) an, was zur weiteren Bodenerosion und unaufhaltsamen Verarmung der Bevölkerung führt.

Aus diesem Grund werden in den Gebieten abseits der Ferienkolonien viele Häuser aufgegeben. Man muss sich nur umhören.

In Lebrija am Guadalquivir wohnt z. B. ein Stierkämpfer namens David Montoya, genannt El *Sevillano*, der nebenher mit Baumaterial wie Fenster- und Balkongittern, Balkonbrüstungen und Türen handelt.

Über weite Landstriche des Hinterlandes der Mittelmeerküste werden zur Zeit die letzten kleinen *Fincas* aufgelöst. Die Eisengitter, Fensterrahmen, Einbauschränke und Portale aus dem letzten Jahrhundert wandern auf die Flohmärkte der *Costa del Sol*. Und da hier vermögende Zuzügler ihre Zweitresidenzen bauen, finden sich hier im Süden auch die meisten Händler mit Bauantiquitäten.

In einer Zeit der Umstrukturierung in der spanischen Landwirtschaft kommt die Liquidation traditioneller Unternehmen nur dem Liebhaber antiken Baumaterials zugute: Auch das »Aus« für die Werften in Huelva und die Umgestaltung der *Tabacalera* zu einem Immobilienkonzern nach ihrer Fusion mit der französischen Seita-Gruppe eröffnen an den Stätten dieser untergehenden Unternehmen Möglichkeiten für den Erwerb von antikem Baumaterial. Es ist also gerade jetzt aktuell, den Süden Spaniens zu bereisen.

In Spanien beherrschte man stets die Kunst des Ziegelns und exportierte Backsteine nach Afrika zum Bau von Festungen, die den Sklavenhandel schützten. Das ganze südliche Spanien ist ein Land der Backsteine, *ladrillos*, nicht zu verwechseln mit Dachziegeln, *tejas*. Typisch für spanische Dächer sind die Mönch- und Nonne-Dachziegel in ihrer großen Vielfalt. Es gibt viele unterschiedliche Formen, ganz breite, solche mit einer Einschnürung (für steilere Dächer) und glasierte.

Südspanien ist aber auch das Land hervorragender schmiedeeiserner Arbeiten zur Vergitterung von Balkonen und Fenstern, die sich dort nicht nur wie bei uns im Keller und im Erdgeschoss finden, sondern auch noch die oberen Etagen zieren. Deshalb sind *rejas* in allen Varianten die Basis vieler Unternehmen, ähnlich wie es die Kamine bei den französischen Händlern sind.

Spaniens Reichtum: *Hierros*, *Rejas* und *Ladrillos* in großer Vielfalt

Die Reiseroute von Málaga nach Südspanien

Weil die kürzere Spanienreise, wie vorher beschrieben, in den Raum Barcelona führt und längere Spanienreisen im Raum Barcelona beginnen oder enden, fange ich die Südspanientour mit einer Beschreibung von Málaga an, das mit dem Charterflugzeug sehr gut erreichbar ist.

El Rastro   An der Carretera de Cadiz bei Kilometer 239 führt die Firma Rastro von Señor Delgado neben zahlreichen Antiquitäten in einer seiner Hallen ein gut sortiertes Lager an Eisengittern, Toren, Türen, Bodenfliesen, Marmor. Nur: die Carretera de Cadiz ist die Schnellstraße, die am Flughafen von Málaga vorbeiführt. Wenn man aus Málaga herausfährt, darf man nicht die offizielle N 340 Richtung Algeciras einschlagen, sondern muss rechts die Zweig-autobahn Richtung Torremolinos und Flughafen nehmen. Diese

128

Der Schrotthändler *Delgado* in Málaga hat auf seinem Gelände ein Paradies für Liebhaber von *hierros* und anderen antiken Baumaterialien zusammen-getragen.

Abzweigung vereinigt sich später wieder mit der nach Algeciras gehenden Streckenführung, jedoch nur die Schnellstraße zum Flughafen führt am Rastro vorbei, der gleich hinter der Brücke über den Guadalhorce liegt. Das zweite Problem: Die Einfahrt in das Grundstück geht unmittelbar von der stark frequentierten, vierspurigen Schnellstraße ohne jede Ausfahrtsspur ab; die Ausfahrt auf die Schnellstrasse ist äußerst gefährlich. Aber es lohnt sich, Señor Delgado zu besuchen. Er hat gute und preiswerte Ware, weshalb auch Händler – darunter viele aus Frankreich – bei ihm einkaufen. Ich habe selten so viele Eisengitter beisammen gesehen wie dort, aber es mangelt auch nicht an anderer Ware.

129

Rodrigo Plazas Kock   In Marbella unterhält Señor Rodrigo Plazas Kock in der Calle Granito, 27 – es ist die zweite Querstraße im Industriegebiet »La Eremita« parallel zur Hauptstraße, wenn man am östlichen Ende nach Marbella hineinfährt, einen *almacén de trastos*. Die Halle, *Nave*, ist leicht zu übersehen, was wirklich sehr schade wäre, denn die Auswahl an Türen ist sehenswert.

El Rastro de Rio Verde   Dieser Rastro in Marbella, bei Kilometer
176 an der Carretera de Cadiz, liegt gegenüber der Sommerresidenz
des Königs von Saudi-Arabien, also ebenfalls nicht an der N 340
nach Cadiz, die um Marbella herum führt, sondern an der nächsten
Carretera de Cadiz, die vom Stadtzentrum Marbellas nach Puerto
Banús führt. Wenn Sie an Marbella auf der N 340 vorbeigefahren
sein sollten und links von der Carretera das Superkaufhaus El Corte
Inglés sehen, müssen Sie bei der Ausfahrt Puerto Banús umkehren
und gleich hinter dem Kaufhaus Richtung Marbella-Centro-Urbano
abbiegen. Sie finden den Rastro de Rio Verde dann zur rechten
Hand.

131

Wer auf der Fahrt bis hierher bei vielen Schrotthändlern ohne
großes Erfolgserlebnis angehalten und auch bei vielen kleinen
Antiquitätengeschäften das Gesuchte nicht finden konnte, wird
hier für seine Mühen entschädigt. Im hinteren Teil des an der Carretera gelegenen Grundstücks findet man eine unglaublich große
Zahl historischer Eisenarbeiten aller Art, dazu Säulen, Treppen,
Wasserbecken, Brunnen, Balkenköpfe, Kacheln und vieles mehr.

Marbella ist allerdings kein billiges Pflaster. Als sehr gut ver-
käuflich erweisen sich immer wieder andalusische Haustüren.
Zum Glück gehören die Monarchen von Arabien und die Fürstin
zu Fürstenberg nicht zu denjenigen, die sich ihre Hausdekoration
auf Trödelmärkten zusammensuchen. Den exquisiten Residenten
entsprechend ist die Qualität des dort angebotenen Materials sehr
gut. Es lohnt, sich dort die Ware anzusehen.

Parrado   Die Carretera Cadiz und die N 340 südlich von Marbella
bilden überhaupt eine interessante Achse für den architektonisch
orientierten Antiquitätenhandel. Bei Kilometer 178,5 befindet sich
die Firma Parrado in 29600 Marbella Real, die ebenfalls in Folge
des Baubooms dieser Stadt mit ihren inzwischen 100.000 Einwohnern Tore und Türen anbietet.

Gegenüber der Sommerresidenz des Königs von Saudi-Arabien hat in Marbella
der Bauantiquitätenhändler *El Rastro de Rio Verde* seine Auslagen malerisch
wie in einem Basar komponiert. Hier finden Baustoffsuchende und Touristen
Lampen, Säulen, Gartenvasen, aber auch Wasserbecken aus Sandstein und Gitter.

Cavon Von Marbella aus fährt man in Richtung Algeciras weiter. Kurz bevor man die Gemarkung Estepona erreicht, liegt auf der linken Seite der Carrera de Cadiz in San Pedro de Alcantara die Firma Cavon von Camilla Smidt-Hall, einer sehr hilfsbereiten Schwedin. Von der Straße aus sieht man schon einige der alten Portale sowie zwei Ochsenkarren, die vor der riesigen Halle postiert sind. Dort finden Sie sehr schöne, teilweise restaurierte Fenster, Gitter, Säulen, Schrauben von Weinpressen und Türen jeder Größe und andere Antiquitäten, wie sie das etablierte Publikum in Marbella schätzt.

132

Viele der von Camilla Smidt-Hall oder Plazas-Kock angebotenen Türen sind bereits restauriert, was nicht von Nachteil ist. Solche Arbeiten werden von ihren Werkstätten oder auch bei Firmen bei Ronda durchgeführt, die ebenfalls mit diesen Teilen handeln.

Bei *Cavon* in San Pedro de Alcantara findet der anspruchsvolle Kunde gepflegte Bauantiquitäten, insbesondere schöne, aufgearbeitete Türen.

Schon kurz vor Ronda sehen Sie zwei Restaurierungsbetriebe, die auch unrestaurierter Türen und Tore verkaufen.

Wenn man in Betracht zieht, dass Türen letztlich immer restauriert werden müssen, wenn sie ihren Zweck erfüllen sollen, wird man die Preise für die restaurierten Objekte nicht übertrieben finden, verglichen mit den Preisen moderner Haustüren. Das Publikum im Großraum Marbella hat wenig Spaß am Heimwerkern, schon gar nicht bei Waren, die im Klima Südspaniens dem Zahn der Zeit und der schlechten Pflege weit stärker ausgesetzt waren als vergleichbares Material in Mitteleuropa.

Auch einige Antiquitätenhändler in Ronda bieten Türen an. Weil Ronda aber ein touristischer Anziehungspunkt ist, wird man dort nicht mehr aufstöbern als das, was man schon bei Cavon und Plazas-Kock gesehen hat und kaufen konnte.

133

La Mercedora Wenn Sie in Richtung Algeciras weiter fahren, sehen Sie an der rechten Seite bei Kilometer 166 in Estepona die Firma La Mercedora. Auch sie bietet restaurierte Türen an, aber nicht nur solche aus landwirtschaftlichen Anwesen, sondern auch aus bürgerlichen Mietshäusern. Solche Türen sind in Spanien schwerer zu verkaufen, woraus sich eine größere Bandbreite für Preisverhandlungen ergibt. Diese Türen entsprechen denen der deutschen Bürgerhäuser zur Kaiserzeit.

Rico und Rico Wer nicht an der Küste reist und Córdoba und Sevilla ansteuert, findet an der Schnellstraße von Málaga nach Sevilla im Industriegebiet der Vorstadt Alcalá de Guadaira zwei Unternehmen mit den Namen Rico, von denen eines Material von der Weltausstellung (Kioske, Vordächer, Toiletten, etc.) anbietet. Diese Firma führt zwar keine antiken Baumaterialien, hat aber jede

134

Dieses Kapitell einer Portaleinfassung aus Sandstein bei *Demolición Aragon* in Chiclana de la Frontera ist eine schöne Steinmetzarbeit.

Menge anderer Waren, die für die Realisierung ausgefallener Ideen zu verwenden sind. Man muss aber entsprechende Vorstellungen haben, was mir selbst nicht vergönnt ist.

Das zweite Unternehmen ist das von Antonio Rico Donoso bei Kilometer 13,4, Canada de Otivar, s/n, das heißt ohne Hausnummer. Hier wird mit älterem und teils wirklich historischem Material gehandelt. Das Anwesen liegt hinter dem Areal eines Lkw-Händlers, weit von der Straße abgelegen und ist daher von der Hauptstraße aus nicht zu sehen. Ein Schild *Hierro-Compra-Venta* ist der einzige Hinweis. Antonio Rico Donoso ist auf An- und Verkauf von Eisen spezialisiert und führt eine große Auswahl an Fenstergittern, Säulen und Steinmaterial. Bei ihm stand 1999 ein Balkongeländer aus dem 16. Jahrhundert mit kleinen Fehlern (und war deswegen nicht museumswürdig) zum Verkauf. Don Rico versteht etwas von den Dingen, die er verkauft, und ist Mitglied eines Vereins zur Erforschung der Heimatgeschichte von Guadaira und besitzt eine Sammlung von Mineralien aus dieser Gegend.

El Coronil Auf dem Weg von Sevilla nach Jerez können Sie in 11000 Utrera dem Autoschrottplatz El Coronil von Marcos Fernández González an der Carretera Utrera, km 1.500, einen kurzen Besuch abstatten. Der Chef hat in einer Ecke seines Platzes einige Fenstergitter, Eisentreppen und Balkongeländer liegen.

Wer noch etwas Zeit für Sevilla hat, besuche die gut erhaltene Altstadt im Umkreis der Kathedrale. Man überquert den Guadalquivir auf der Pont Triana – offiziell ist es die Isabell II Brücke, aber in allen Rumbaliedern ist es die Pont Triana – die zu einem neu angelegten Platz führt. Rechts geht von dort eine ebenfalls neugepflasterte Straße ab. Hier gibt es einige Geschäfte mit handwerklich neu hergestellten *azulejos*, den glasierten und bemalten Fliesen. Natürlich findet man bei den Baustoffhändlern auch ältere Kacheln; man wird aber meist Probleme haben, von einer Sorte eine genügende Anzahl zusammenzubekommen. Selbst wenn die neuen Kacheln noch keine Patina aufweisen, so vermitteln sie doch als junge Produkte den südländischen Charme Sevillas.

El Bombin   In 41002 Sevilla, auf der Almeda de Hercules, wo sonntags ein Flohmarkt stattfindet, befindet sich an der südlichen Seite das Antiquitätengeschäft El Bombin, wo Ihnen Señora Carmen López Gómez Gitter, steinerne Wasserbecken und Türen zeigen kann.

Marabisa Santa Maria   Sevilla ist auch Veranstaltungsort für Antiquitätenmessen. Dort trifft man Händler aus dem Hinterland, die keinen eigenen Laden haben und nur auf Messen verkaufen. Hierzu gehört Doña Marabisa Santa Maria, Campo de Rosario 53 in 06300 Zafra bei Badajoz. Ich habe bei ihr alte Eisengitter aus dem

Diese spanischen Mönch- und Nonne-Ziegel, die *teja superior* (Mönch) und *teja de canal* (Nonne), varieren als handgeformte Hohlziegel sehr stark in ihren Abmessungen und Wölbungen. Hier lagern sie bei *Javier Gonzáles Orta* in La Línea de la Concepción bei Cadiz, Europas südlichstem Baustoffhändler.

18. Jahrhundert bekommen, wie es sie nur in der Abgelegenheit der Extremadura noch geben konnte.

Demolición Aragon de la Frontera Zu einer wichtigen Adresse kommt man, wenn man von Sevilla aus zurück an die Küste fährt und in die kleine Stadt Chiclana hineinfährt. Hierzu muss man die N 340 verlassen und darf nicht auf der Schnellstraße weiterfahren. Man biegt nach Chiclana ab und bleibt dennoch auf der historischen N 340, die durch Chiclana führt. Wenn man den historischen Stadtkern hinter sich gelassen hat und in südlicher Richtung wieder nach Algeciras fährt, sieht man bei Kilometer 6,5 hinter einer Tankstelle die Firma Aragon von Don Juan Aragon. Sie ist eine Tochtergesellschaft der Demolición Aragon S.L., die ihren Sitz im Industriegebiet Pelagatos hat. Die Öffnungszeiten für den Verkauf von Abbruchware sind allerdings auf 16 Uhr 30 bis 18 Uhr 30 beschränkt.

137

Das Warten bis zur Öffnung lohnt sich, falls Sie bisher kein Eisengitter Ihrer Vorstellung gefunden haben sollten. Es gibt bei Don Juan ungewöhnliche Exemplare, die jedes Ausmaß sprengen und davon so viele, dass man einfach fündig werden muss. Seine Zeit wird meist durch viele Kunden in Anspruch genommen, die Balken und andere praktische Dinge bei ihm kaufen, aber den antiken Fundstücken wenig Aufmerksamkeit schenken. Dieser Tatsache dürfte es zu verdanken sein, dass noch Ende 1999 zwei sehr schöne Balkongitter aus dem 18. Jahrhundert keinen Abnehmer gefunden hatten.

138

Von Chiclana sind es 95 Kilometer nach Algeciras, von wo man die Fähre nach Tanger und von dort die nach Sète benutzen könnte. Wenn Sie einmal hier sind, sollten Sie einen Abstecher nach La Línea de la Concepción zu Señor Orta unternehmen – wie später noch beschrieben – und noch ein kleines Stück weiter fahren, um eine Spezialadresse für Steinbecken aufzusuchen, Señor Antonio Martin. Sie erreichen ihn auch, wenn Sie den Abstecher nach Sevilla und Jerez nicht machen möchten und an Estepona vorbeifahren.

Antonio Martin   Sie erreichen seinen Laden in 06184 Pueblo Nuevo de Guadiaro an einem Verkehrskreisel in Guadiaro. Südlich dieses Kreisels ist die N 340 eine vierspurige Schnellstraße. Man nimmt aber, wenn man aus Richtung Cadiz kommt, schon die Ausfahrt Pueblo Nuevo de Guadiaro. Kommt man aus Richtung Málaga, wählte man nach einigen hundert Metern Autobahn die erste Ausfahrt und gelangt in eine Neubausiedlung Pueblo Nuevo de Guadiaro, die überwiegend von Engländern bewohnt wird. Antonio Martin hat in der Calle Sierra Bermeja, 22 seinen Laden mit einer großen Auswahl sehr schöner Steinbecken, aber daneben führt er auch Türen, Fenster, Säulen, Mühlsteine sowie allerlei Möbel, Kisten und Kleinigkeiten. Man kann sein Geschäft schon von der Autobahn aus sehen. Übrigens ist ein begeisterter Sammler von Mörsern.

Javier Gonzáles Orta   Ob Sie über Sevilla oder über Guadiaro fahren: Sie kommen letztlich immer an der Bucht von Algeciras an. Der absolut südlichste Händler unserer Branche in Europa dürfte Javier Gonzáles Orta mit seinem *Comercio de Objetos Usados* an der avenida Cartagena, 118 in 11300 La Línea (Cadiz) sein. Er hat Türen, Tore, Fenster mit Klappläden, Gitter sowie Ziegelsteine auf Paletten, Dachziegel aller Art, Lampen – kurzum, eine unglaubliche Menge un- und halbgeordneter Dinge sowohl in restauriertem als auch in unrestauriertem Zustand. Seine Spezialität sind Bodenfliesen und Dachziegel. Wer nicht weiß, wie viele unterschiedliche »Mönche« und »Nonnen« es gibt, weiß es spätestens hier.

Die Bodenfliesen mit den typischen, einfachen Mustern stammen von älteren Produktionen aus La Línea. Ein Besuch bei Don Javier – benutzen Sie den Familiennamen, so nennen Sie ihn Señor Orta – ist die Anstrengungen der Reise wert. In mehreren Schuppen stapeln sich Türen und Fenster; auf dem Hof liegen massenhaft Steine aus verschiedenen Graniten, die einst zu Fußwegen und Mauern zusammengesetzt waren. Der Granit, der zum Bau von Häusern in La Línea verwendet wurde, ist grau und kommt aus Casares bei Estepona. Aus solchem Granit sind auch Fensterstürze aus der Zeit der Jahrhundertwende gemacht, von denen es hier viele gibt. Die gleichen Fensterstürze kann man in Algeciras an einigen abrissreifen Häusern sehen.

Señor Orta hat sehr viele dieser Werksteine auf Lager, weil die Bucht von Algeciras derzeit einen Modernisierungschub erleidet. Die Stadt war als Grenzstadt zu Gibraltar lange Zeit vernachlässigt worden. Heute werden in La Línea viele Gebäude rigoros abgerissen, und manche ihrer Bewohner wagen sich nicht mehr aus dem Haus, weil sie befürchten müssen, dass ein Bagger während ihrer Abwesenheit die Behausungen einfach abräumt. Das geht »einfach«, denn grundbuchrechtliches Bodeneigentum ist hier nicht die Regel.

In diesem Umbruch, bei dem moderne Bauwerkstechniken Einzug halten, benötigt man die alten Granitstürze nicht mehr, für die man auch gar keinen Platz mehr hätte. In der Mitte des Sturzes ist meist ein stilisierter Schlussstein angedeutet. Aus diesem Granit hat Señor Orta auch runde Randsteine zum Einfassen von Brunnen, ebenso gereinigte Ziegelsteine, die bereits auf Paletten verpackt sind, sowie schwere Rinnsteine von Gehwegen.

139

Ausblick

In La Línea ist das Ende dieser Spanienreise. Von dem gegenüberliegenden Algeciras aus lässt es sich mit vollbeladenem Wagen bequem nach Tanger oder Ceuta – wo der Liter Diesel immer noch 0,50 DM kostet – übersetzen. Von dort kann man an der nördlichen Küste Afrikas bis Melilla weiterfahren und von dort wieder nach Málaga übersetzen. Wer noch nicht in Barcelona war, kann der Küstenstraße bis dorthin folgen. Man kann von Tanger aus aber auch die Rückreise mit der Fähre nach Sète antreten und sich damit 1600 Straßenkilometer sparen.

Auf dem Schiff lässt sich einen guten Tag lang Resümee ziehen. Will man vielleicht wirklich noch auf der Heimreise in Montpellier, in Valaurie, in Straßburg oder sonst wo auf der Strecke weiter auf Entdeckungsreise gehen?

Man darf bei allem, was man gesehen, entdeckt, bewundert, gekauft und nicht gekauft hat, nicht übersehen, dass man trotz guter Planung an allen Orten stets nur ein zufälliger Kunde gewesen war. Der Kauf von gebrauchten und antiken Baumaterialien ist im Detail nie planbar. Sie trafen zwar an den vorgesehenen Zeitpunkten an Ihren Zielorten ein, doch die Händler haben mit ihrer weiten Anreise und Ihrem Besuch nicht rechnen können. Sie hatten im Angebot, was sie in diesen Tagen eben zufällig hereinbekommen hatten oder noch auf Lager hatten. Darin liegt das Problem und die Entdeckungsfreude einer solchen Reise.

Ich habe lange Zeit in Südfrankreich und in Andalusien gelebt und einige der Händler immer wieder besucht, bin häufig auf denselben Flohmärkten gewesen und habe erst im Laufe der Zeit von diesen Quellen profitiert. Ich hatte bei meinem ersten Besuch von *Origines* in Houdan eine gotische Wendeltreppe gesehen und hätte sie gern gekauft. Nachdem sie dort jedoch lange Zeit als unverkäuflich gestanden hatte, war sie gerade kurz zuvor für jemand anderen

Das Schattenspiel eines schmiedeeisernen Zaungitters an der Stadtmauer von Provins.

reserviert worden. Wäre ich nur etwas früher dort gewesen, wäre sie mit großer Sicherheit zu einem günstigen Preis in meinen Besitz übergegangen.

Im Grunde teilen sich gar nicht so viele Menschen den gleichen Geschmack. Man muss nur die Mauselöcher – also die Marktplätze für historische Baumaterialien – lange genug beobachten. Dass zufällig die Maus zur selben Zeit zum Mauseloch kommt, zu der unglücklicherweise dort die Katze sitzt, dass also zwei Zufälle aufeinander treffen – das ist höchst selten der Fall. Wer also diese Reise nicht als ein einmaliges Abenteuer plant, sondern immer wieder nach bestimmten antiken Baumaterialien sucht, der sollte seine Kontakte pflegen, damit er immer über neue Entwicklungen informiert ist. Alternativ könnte er sich darauf beschränken, nur noch in den Hochburgen des Handels wie Paris, Madrid und Barcelona bei den Spezialisten zu kaufen, die ein so breit gefächertes Angebot haben, dass wirklich keine Wünsche offen bleiben. Was dann aber mit Sicherheit teurer und nicht mit so viel Entdeckerfreude verbunden wäre.

Im Freien lagern beim Abbruchunternehmen *Demolición Aragon* in Chiclana de la Frontera diese aus den ausgeliehenen Mulden geretteten Türen, Dielen und Gitter.

KGR. ENGLAND   Dover
Plymouth   Portsmouth   Boulogne   Cale

DER KANAL

ATLANTISCHER OCEAN

Cherbourg   Le Havre   Rouen
Kanal I.   Le Havre
Caen   Normandie

Brest   Bretagne   Rennes   Mayenne   Maine   Or
Le Mans   Orléans
Angers   Anjou   Tours   Bl
Nantes   Saumur   Touraine   ch
St   I

Poitiers   Poitou

La Rochelle   A.   Guér
La Mar
Saintonge
Saintes   und   Ang.   Limoges
Angoulême   Lin

Bordeaux   Dordogne
Guyenne
und   Co

Gascogne   Adour

Navarra   Pau
und Béarn

KGR. SPAN

Ebro

4. FRANKREICHS GOUVERNEMENTS vor der Revolution.

Abkürzungen:
A.=Aunis   Bl.=Boulogne
Fl.u.Hg.=Flandern und Hennegau
L.u.B.=Lothringen und Bar
M.=Metz und Messin, Verdun
und Verdunois
St=Saumur   S.=Sedan
T.=Toul und Toulois

Die *Hauptorte* der 40 *Gouvernements*
sind schwarz unterstrichen.

0   50   100   150   200   250
Kilometer, 111,3 = 1 Äqu. Gr.

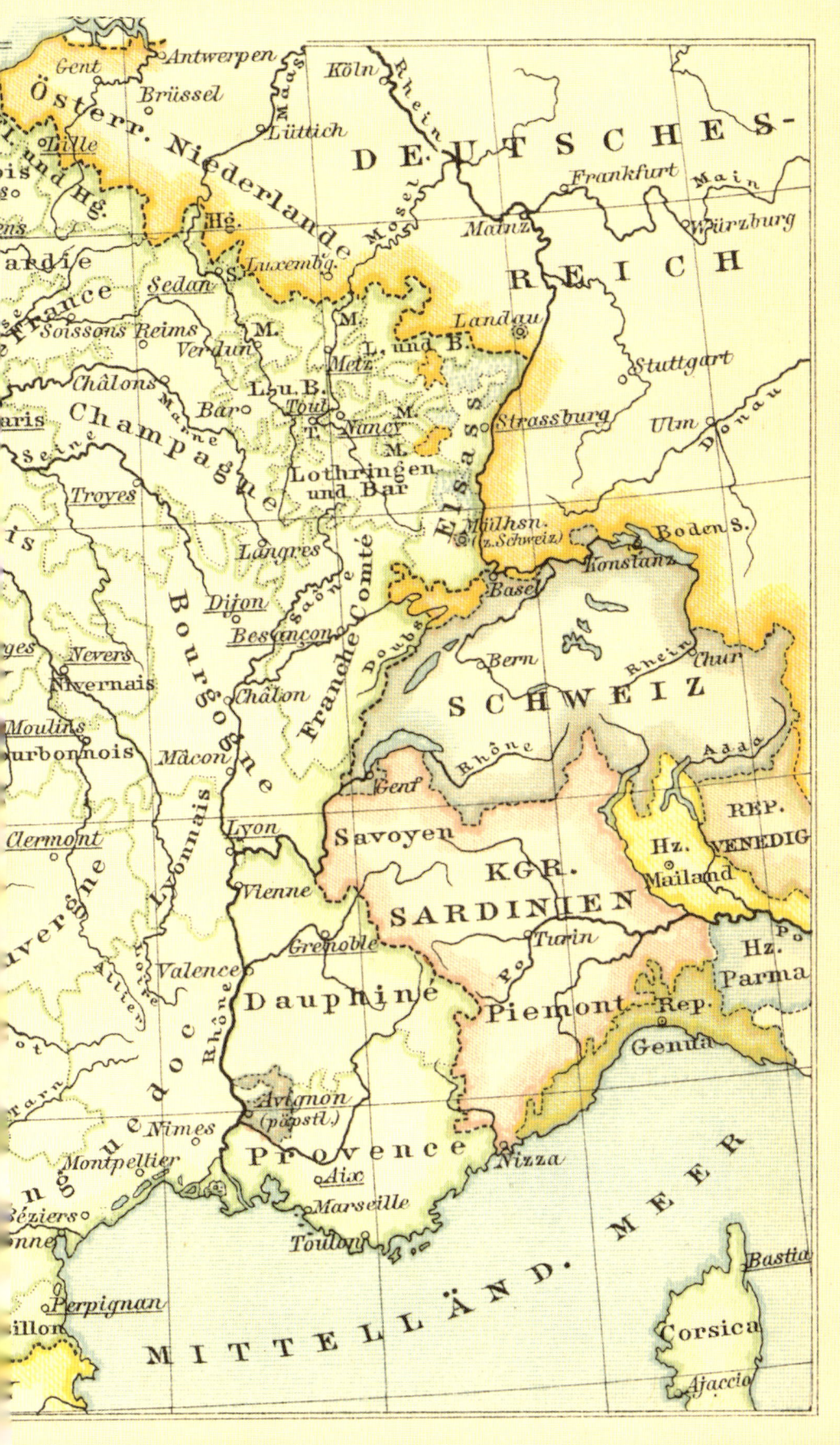

Händler für Bauantiquitäten:
(Stand März 2000, sortiert nach PLZ)

Au Carrosse d'Or, Antiquités, Brocante
254, ch. de l'armée d'Afrique
F 13010 Marseille
Tel. 00 33-4-91 36 50 90
Fax 00 33-4-91 92 52 00
E-mail balestra.marseille@wanadoo.fr
Website www.balestra.fr
*Großes Angebot an Architekturelementen
und antiken Baumaterialien für Privat
und Handel. Kamine aus Stein, Bodenplat-
ten aus Stein und Terracotta, Fenster- und
Türeinrahmungen, Gartendekor aller Art.*

146

L'Atelier 13
Les Materiaux Anciens de Saint-Rémy
Avenue Folco de Baroncelli
F 13210 Saint-Rémy-de-Provence
Tel. 00 33-4-90 92 00 62
Fax 00 33-4-90 92 00 62
Mobil 00 33-6-07 16 17 98
E-mail ateliers-13@wanadoo.fr
Website www.franceweb.org/atelier13
*Bieten durch eigenen Rückbau seit
20 Jahren eine breite Auswahl an antiken
Architekturelementen an, wobei Kamine
mit oder ohne Trumeaux im Mittelpunkt
stehen, die bei Bedarf restauriert werden.
Außerdem Gartendekor und Treppen.*
(Foto S. 58 / 59)

Portes Anciennes, Route d'Avignon
F 13210 Saint-Rémy-de-Provence
Tel. 00 33-4-90 92 13 13
Fax 00 33-4-90 92 18 75
E-mail portesanc@aol.com
Website www.portesanciennes.com
Spezialist für antike Türen und Beschläge.

Les Matériaux d'Antan Jacques Marcant
No. 5580, RN 7, La Petite Calade
F 13540 Puyricard
Tel. 00 33-4-42 92 62 12
Fax 00 33-4-42 92 31 45
*Ton, Eisen, Stein und Holz: Edle Boden-
platten aus Stein und Keramik für die
Innenausstattung, Kamine, Wintergärten,
kleine Monumente und Statuen. Originale
aus dem 17. bis 19. Jh. sowie originalge-
treue Kopien für die Restaurierung.*

Portes Anciennes
Route Nationale 7
F 13670 Saint-Andiol
Tel. 00 33-4-90 95 02 89
Fax 00 33-4-90 95 12 54
E-mail portesanc@aol.com
Website www.portesanciennes.com
Spezialist für antike Türen und Beschläge.

Normandie Récupération Astrid Brochard
Route de Rouen
F 14130 Surville
Tel. 00 33-3-1 65 27 89
*Die typischen Bauelemente vom Wasser-
becken über Portale bis zu Bodenbelägen
und Teile für normannisches Fachwerk.*

Occamat Jean-Claude Houtin
Route Nationale 13
F 14370 Méry-Corbon
Tel. 00 33-3-3 23 95 87
Fax 00 33-3-3 23 25 57
Baumaterialien aus Abriss.

Labrouche Fils S.A.R.L
Materiaux Anciens, Achat – Vente
43-45, rue de Tivoli
F 17130 Montendre
Tel. 00 33-5-467 49 29 39
Fax 00 33-5-46 70 39 71
*Kamine, Säulen, Portale, Statuen, Garten-
becken und Brunnen, Tür- und Fenster-
einrahmungen, Vertäfelungen und Türen,
Portale und Balkongitter, Bodenplatten
aus Stein und Ton vom 15. bis 19. Jh.
Viele Steinkamine mit Aufsatz.*

Antiquités Toujouse
ZA, La Rocade de la Palmyre
F 17640 Vaux sur Mer
Tel. 00 33-5-46 39 08 69
Fax 00 33-5-46 39 08 69
*Architekturelemente, Steinkamine, Tür-
einrahmungen, Becken und Bassins und
Steinrestaurierung.*

Venner Fanch
Kergikel Hamon, route de Rostrenen-Maël
F 22340 Maël-Carhaix / Bretagne
Tel. 00 33-2-96 24 65 35
Fax 00 33-2-96 24 63 18
*Architekturelemente und historische Bau-
materialien vom 15. bis zum 19. Jh., Stein-
restaurierung, Kopien und Reeditionen
speziell bretonischer Bildhauerkunst.*

Jean Claude Bes – Taille de Pierres
Réédition d'Ancien
Zone Artisanale
F 26230 Grignan
Tel. 0033-4-75 46 94 25
Fax 0033-4-75 96 72 02
*Spezialist für traditionelle Steinmetz- und
Tischlerarbeiten. Kamine im Stil Louis XIII
bis Louis XV, Brunnen, Kopien aller Bauele-
mente aus Stein, Haustüren und façades
de placard.*

Lemière & Allibert
B.P.4
F 26230 Valaurie
Tel. 00 33-4-75 98 56 96
Fax 0033-4-75 98 57 77
Schöne Bauelemente aus Stein.

Antiquités Pierre Lamare
Saint-Aquilin-de-Pacy
32, rue Charles Ledoux,
F 27120 Pacy-sur-Eure
Tel. 00 33-2-32 36 02 66
Fax 00 33-2-32 26 11 36
*Ein Paradies für Eichenholz in der
Normandie. Spezialist für Holzkamine,
Haus-, Zimmer- und Durchgangstüren
sowie Holztreppen. Antiquitäten aus dem
17., 18. und 19. Jh. und deren Restaurie-
rung. Übernehmen Suchanfragen.*

La Brocante des Matériaux
Carrefour de la Bretagne, RN 13
F 27230 Folleville
Tel. 00 33-2-32 44 78 37
Fax 00 33-2-32 44 08 21
*Spezialist für antike Baumaterialien der
Normandie. Eichenfachwerk, Straßenpfla-
ster, Mauerziegel, Tonfliesen.*

SARL Pavés de rue
ZI, rue des Chênes, BP 36
F 28600 Luisant
Tel. 00 33-2-37 35 80 94
Fax 00 33-2-37 30 25 90
*Abrissunternehmen mit interessantem
Sortiment an antiken Baumaterialien
und einem sehr großen Lager an Pflaster-
steinen aus Granit und Sandstein.*

Nedelec S.A.E.
Le Drennec-Izella
F 29400 Landivisiau / Bretagne
Tel. 00 33-2-98 68 10 69
Fax 00 33-2-98 68 34 78
*Selektiver Rückbau von Gebäuden zum
Bergen von Bauelementen aus Granit.*

Atelier des Mousselières – Sylvio Toselli
ZA, 850, avenue de la 2e DB
F 30133 Les Angles
Tel. 00 33-4-90 15 15 00
Fax 00 33-4-90 25 81 74
E-mail ATELIER.MOUSSELIERES@wanadoo.fr
*Keramisches Atelier und ausgewählte anti-
ke Baumaterialien, darunter massive
Ausgussbecken aus Marmor. Eigene hand-
werkliche Fertigung von Terracottaplatten
nach Kundenwunsch.*

Antiquités Michele Calame
Route Remoulins-Uzès, Rue du Château
F 30210 Argilliers/Gard
Tel. 00 33-4-66 22 95 32
Fax 00 33-4-66 22 95 32
*Originalbauelemente und Bauantiquitäten
aus Metall, keine Kopien: Kaminplatten
und Kaminbestecke, spezielle Türbeschläge
wie Klopfer und Griffe und viel Kleinkunst.
Ausfahrt Remoulins an der Autoroute A9.*

Didier Gruel
Le Grand Montagne, chemin du Lozet
F 30400 Villeneuve-Les-Avignon
Tel. 00 33-4-90 25 08 07
Fax 00 33-4-90 25 40 42
*Spezialist für antike, kolorierte Zement-
fliesen, die »Carreaux de Ciment« mit ihren
überlieferten Dekors und deren Reproduk-
tion nach alter Handwerkstechnik. Katalog
mit mehr als 80 Motiven, aus denen sich
dekorative Mosaike gestalten lassen.*

147

Fer Emeraude
26, rue Cantemerle
F 33000 Bordeaux
Tel. 00 33-5-56 81 01 31
*Architekturelemente und antike Baustoffe,
insbesondere Gitter, Portale und
Eisenwaren.*

Démolition Delair
40, rue Carde
F 33000 Bordeaux
Tel. 00 33-5-56 32 05 09 u. 56 32 34 71
Fax 00 33-5-57 34 05 09
*Abrissunternehmen mit einem günstigen
Angebot an Architekturelementen und
antiken Materialien.*

Larribere Cheminées anciennes
86, rue Notre Dame,
F 33000 Bordeaux
Tel. 00 33-5-56 48 24 53
Fax 00 33-5-56 48 01 24
*Antiquitätenhändler, viele Kamine aus
Stein, Marmor und Holz, Tür- und Fenster-
einrahmungen und weitere Architektur-
elemente.*

Cazenave
55, Quai Deschamps
F 33015 Bordeaux
Tel. 00 33-5-56 40 11 40
Fax 00 33-5-56 86 33 38
*Verkauf von Baumaterial wie Holz,
Hausteine und Bodenfliesen speziell aus
Rückbau.*

S.A.R.L'Antiquaire de Quinsac
Domaine Beauregard,
F 33360 Quinsac
Tel. 00 33-5-56 20 87 12
Fax 00 33-5-56 20 89 42
Mobil 00 33-6-13 63 34 77
*Sehr großes Angebot an Türen, Fenstern
und antiken Wandvertäfelungen
(Boiseries) aus dem 18. und 19. Jh.*

148

Pierres et Vestiges de France
369, av. de l'Argonne
F 33700 Mérignac Beutre
Tel. 00 33-5-56 47 85 82
Fax 00 33-5-56 13 01 58
Mobil 00 33-6-11 08 02 50
*Antike Kamine aus Stein und Marmor,
Gartendekor und Einfahrtsportale,
17., 18. und 19. Jh., Neuproduktion einer
»caisse d'oranger« im Stil Napoléon III.*

Flores
RN 89 Sortie N°5
F 33750 Beychac et Caillou
Tel. 00 33-5-56 72 98 30
*Vermietung von Abbruchmulden und Ber-
gung von Steintreppen, Kaminen, Holz,
Gittern, Badezimmerausrüstungen u.a.*

Algéo
3, rue au Genebra, ZA
F 33750 St. Quentin de Baron
Tel. 00 33-5-57 24 12 39
*Architekturelemente und antike Baustoffe,
im Bergezustand oder restauriert.*

La Trocante, Dépot-Vente
877, av. de Boirargues ,
F 34000 Montpellier
Tel. 00 33-4-67 20 14 18
Fax 00 33-4-67 20 21 20
E-mail alamo@wanadoo.fr
*Möbel, Nippes, Hausrat.
(Foto S. 80)*

Galérie de l'Arcade, Jean François René
8, Place des Etats de Languedoc
F 34120 Pézenas
Tel. 00 33-4-67 98 85 65
*Hat Gitter, Ziegel, Lukarnen, Brunnen aus
der Zeit vor der Revolution von 1789.*

Barthez Bois, Matériaux Anciens
31, route de Lattes
F 34470 Perols
Tel. 00 33-4-67 50 11 99
Fax 00 33-4-65 50 24 65
Mobil 00 33-6-09 95 59 02
*Spezialist für Fachwerk und Gebälk sowie
Steinfußböden und Architekturelemente
zu Dekoration und für den Garten.*

Les Matériaux d'Autrefois S.A.R.L.
Charles Delon
ZI-Route Nationale 113
F 34740 Vendargues
Tel. 00 33-4-67 70 15 72
Fax 00 33-4-67 70 08 28
Mobil 00 33-6-19 25 16 78, E-mail
charles.delon@materiaux-anciens.com
Website www.materiaux-anciens.com
*Umfangreiches Sortiment an Bau-
antiquitäten aller Art, insbesondere
Bodenplatten aus Stein vom 17. bis
19. Jh., glasierte Tonplatten aus Tunesien
und Frankreich 18. bis 19. Jh., Lagerfläche
von 3000 m². (Fotos S. 91, 104)*

Matériaux d'Antan
Km 8, Route de Saint-Malo
F 35520 La Mézière
Tel. 00 33-2-99 66 56 66
Fax 00 33-2-99 66 44 18
Mobil 00 33-6-11 86 51 51
*Breites Spektrum an antiken Bauelemen-
ten und Baumaterialien, Fundgrube für
behauene Granitsteine aller Art.
(Foto S. 44)*

Antik + Matériaux Naturels
Bernard Coquet S.A.R.L
1, place du 11 Novembre
F 39800 Aumont
Tel. 00 33-3-84 37 57 15
Fax 00 33-3-84 37 58 15
*Für den Innenausbau Steinplatten,
Parkette, Terracottaplatten, Dachziegel für
die Restaurierung, handgeformte Back-
steine, alle Arten von Gartendekoration
wie Vasen, Baluster, Statuen. An der N5,
60 km südwestlich von Besançon.
Korrespondenz in deutsch möglich.*

Catherine Fleuraux S.A.R.L.
Matériaux Anciens
km 32, RN 117
F 40300 Peyrehorade
Tel. 00 33-5-58 73 16 10
Fax 00 33-5-58 73 16 10
*Steinkamine aus dem 17., 18. und 19. Jh,
Bodenplatten aus Terracotta aus dem
18. und 19. Jh., Architekturelemente für
innen und außen. (Foto S. 97)*

Marcel Daillère
Route de St-Martin de Hinx,
F 40390 Saint-André-de-Seignaux
Tel. 00 33-5-59 56 70 92
Fax 00 33-5-59 56 76 26
*Handwerksmeister und Spezialist für
Deckenbalken und Gebälk aus alter Eiche
in allen Abmessungen, Haus- und Zimmer-
türen, Treppen aus Holz und Stein,
historische Dachziegel.*

Antiquités Carpe Diem
Quartier Jeantot, route des Lacs
F 40560 Vielle-Saint-Girons
Tel. 00 33-5-58 47 94 91
Fax 00 33-5-58 47 94 91
Mobil 00 33-6-82 44 31 31
*Spezialist für Möbel, hat aber auch die
wichtigsten historischen Baumaterialien
aus dem 19. und 20. Jh. auf Lager.*

Garnier Alban S.A.R.L.
Matériaux Anciens
23, rue Jean-Huss
F 42000 Saint Etienne
Tel. 00 33-4-77 47 51 39
Fax 00 33-4-77 47 53 08
Mobil 00 33-6-09 41 18 63
*Sehr breites Angebot an Bauantiquitäten
vom 14./15. Jh. bis zum Jahr 2000. Etwa
600 Türen und 150 eiserne Portale auf
Lager, sowie Bodenplatten und Fliesen.
Neuproduktion von Brunnen aus Stein.
(Fotos S. 84, 85)*

Jean-Loup et Nadia Ronssin, Antiquaires
43, rue du Général de Gaulle, RN 152
F 45130 Meung-sur-Loire
Tel. 00 33-2-38 44 46 88
Mobil 00 33-6-16 56 00 39
*Gepflegtes Lager für Boiseries und Mar-
morkamine. Spezialität für antike Bade-
wannen und Sanitärzubehör, nehmen
Suchaufträge an. (Foto S. 46)*

149

Crouan, Matériaux Anciens
Renaissance de votre Demeure
Château de Chambiers
F 49430 Durtal
Tel. 00 33 - 2-41 76 07 31
Fax 00 33 - 2 - 41 76 04 28
E-mail crouan@materiauxanciens.fr
*Das gesamte Sortiment von Architektur-
elementen und antiken Baumaterialien
vom 14. bis zum 19. Jh., Gartendekoration,
komplette Boiseries, Parkette und Boden-
beläge. (Foto S. 11)*

150

Antiquités Alain Babault
36, rue Patton
F 55130 Gondrecourt
Tel. 00 33 - 3 - 29 89 60 58
Fax 00 33 - 3 - 29 89 60 58
*Rückbau und Handel mit Bauantiquitäten
aller Art. Insbesondere Parkette, alte
Dielung, Kamine in Stein und in Marmor.*

Lebert-Antic Matériaux Anciens
Antiquaire du Bâtiment
2, rue Raymond Poincaré,
F 55130 Gondrecourt-le-Château
Tel. 00 33 - 3 - 29 89 67 63
Fax 00 33 - 3 - 29 89 64 33
Mobil 00 33 - 6 - 08 58 67 89
E-mail cedric@lebert-antic.com
Website www.lebert-antic.com
*Gepflegtes Sortiment von Bauantiquitäten
aller Art und aller Stile für Neubau und
Restaurierung, insbesondere Kamine und
Materialien für Fußböden. Mehrsprachige,
interessante Webpräsentation.
(Fotos S. 9, 16, 17)*

Vieux Granits S.A.R.L. Poulain
Kérentrée, Ancienne route de Locminé
F 56150 Baud / Bretagne
Tel. 00 33 - 2 - 97 51 01 33
*Werksteine aus Rückbau für die
Renovierung und den Neubau, darunter
mächtige gotische Kamine, Heiligen-
nischen sowie Tür- und Fenstergewände
aus Granit.*

S.A. Strada Sociétée de Traveaux
Rénovation, Agencement
Décoration, Antiquités
292, rue des Fusillés
F 59493 Villeneuve-d'Ascq
Tel. 00 33 - 3 - 20 79 09 31
Fax 00 33 - 3 - 20 84 04 80
Mobil 0033 - 6 - 14 30 39 27
In den Gebäuden einer alten Schnaps-
brennerei bietet Xavier Nuttin alle Bauele-
mente für die Innenausstattung an. Sein
Schwerpunkt liegt in der Einrichtung von
Bistros mit ihren Holzvertäfelungen, Trep-
pen, Türen, Glasgemälden und
Thekenmobiliar, die er bevorzugt an Archi-
tekten und Innenausstatter liefert, aber
auch an Privatkundschaft.

Pujo La Tuilerie Céramique du Bâtiment,
Avenue du Languedoc
F 66170 Saint-Felice-d'Avall
Tel. 00 33 - 4 - 68 57 82 27
Fax 00 33 - 4 - 68 57 88 20
E-mail contact@tuilerie-pujo.fr
Website www.tuilerie-pujo.fr
*Keramische Werkstatt in der vierten Gene-
ration mit mediterraner Tradition, die alle
keramischen Bauteile fürs Haus herstellt:
Dachschmuck aller Art, Spitzen und
Kugeln, Regenfallrohre, Regenrinnen, Was-
serspeier, Statuen und Wandmedaillons.
In Naturrot oder in leuchtenden Farben
glasiert.*

Roc et Broc
Av. du Languedoc
F 66170 St. Félice d'Avall
Tel. 00 33 - 4 - 68 57 90 29
Fax 00 33 - 4 - 68 57 90 29
Mobil 00 33 - 6 - 11 66 74 60
*Abrissunternehmen mit dem daraus sich
ergebenden Schwerpunkt an Türen,
Fenstern, Gebälk, Dachziegeln und Steinen.
Günstige Okkasionen.*

Redivivae – La Brocante du Bâtiment
Matériaux Anciens, Elements
d'Architecture et de Décoration d'Epoque
1, rue de l'Ile
F 67118 Illkirch RN 83
Tel. 00 33 - 2 - 88 67 42 48
Fax 00 33 - 2 - 88 67 42 48
Mobil 00 33 - 6 - 09 49 27 05
E-mail info@redivivae.com
Website www.redivivae.com
Antike Baumaterialien, Architektur-
elemente und Dekorationen vom 17.
bis 19. Jahrhundert. (Fotos S. 71, 86)

L'Atelier du Poêle en Faïence
6, rue des Prés
F 67240 Kaltenhouse
Tel. 00 33 - 3 - 88 63 78 55
Fax 00 33 - 3 - 88 06 20 74
E-mail spatara@nsrv.com
Website www.nsrv.com/spatara
Spezialist im Elsass zwischen Haguenau
und Bischwiller für alte Kachelöfen und
deren Restaurierung. (Foto S. 72)

Matériaux Anciens, Claude Augustin
104, Route Nationale 6
F 69380 Les Chères
Tel. 00 33 - 4 - 78 47 39 48
Fax 00 33 - 4 - 78 27 80 87
Breites Sortiment, Kamine, repräsentative
Toreinfahrten, Säulen, Wasserbecken und
Brunnen vom 17. bis zum 19. Jahrhundert.

S.A.R.L A. Girard
Brocante de Matériaux Anciens
Espace de la Motte (ZI), Rue des Régains
F 70000 Vesoul
Tel. 00 33 - 3 - 84 76 19 66
Fax 00 33 - 3 - 84 76 86 35
Seit 1961 Spezialunternehmen für Bau-
antiquitäten aller Art mit einem sehr
großen Außenlager. Kamine, Kamin-
platten, Brunnen, Becken, Treppen, Säulen,
Portale und Gitter, Böden aus Stein und
Terracotta. An der RN 19 zwischen Paris
und Straßburg, 45 km vor Besançon.
(Fotos S. 32, 33, 36, 105)

br Cheminées Bernard Rué
Hameau Lancharre
F 71460 Chapaize
Tel. 00 33 - 3 - 85 50 13 91 Laden
Tel. 00 33 - 3 - 85 50 13 91 Atelier
Fax 00 33 - 3 - 85 92 23 56
Mobil 00 33 - 3 - 6 - 85 07 12 57
Website www.ruechapaize.com
Atelier und Ausstellung, antike Kamine
und Mosaikkreationen aus alten Terra-
cottaplatten für Küchen, Bäder und Flure.

Jean-Jacques Guillemin
RN 6 à travers Restaurant Greuze
F 71700 Tournus
Tel. 00 33 - 3 - 85 51 73 87
Spezialist für Holzvertäfelungen
und Kamine.

Les Matériaux d'Antan
La Fosse
F 72550 Brains-sur-Gee
Tel. 00 33 - 2 - 43 88 77 31
Architekturelemente, Kamine aller
Stile, Tür- und Fenstereinrahmungen,
Bodenplatten aus Terracotta.

Pierre et Meuble d'Autrefois
Achat – Vente Objets d'Art toutes époques
35 rue Centrale
F 74940 Annecy-le-Vieux
Tel. 00 33 - 4 - 50 23 68 13
Fax 00 33 - 4 - 50 09 83 20
E-mail bernhard.forain@infonie.fr
Website www.antiquites-forain.com
Kauf und Verkauf von Bauantiquitäten
aus Stein, Portale, Becken, Skulpturen
sowie Stilmöbel.

Sols Majeurs
12, rue Jacques-Coeur
F 75004 Paris
Tel. 00 33 - 1 - 42 71 74 28
Fax 00 33 - 1 - 42 71 74 29
Neben dem klassischen Angebot
französischer Bauantiquitäten Spezialist
für antike Bodenbeläge, inklusive deren
Verlegung und Ergänzung durch
Reeditionen. Mosaik, Natursteinplatten,
glasierte Tonfliesen.

151

Le Bain Rose
11, rue d'Assas
F 75006 Paris
Tel. 00 33 - 1 - 42 22 55 85
Fax 00 33 - 1 - 42 22 35 94
*Spezialist für historische Sanitärausstat-
tungen, Waschbecken, Waschbeckenmöbel,
Zubehör zum Bad, Kacheln, Glasgemälde
mit Bleiglas und Ätzglas.*

Andrée Macé
Cheminées d´époque en pierre et en marbre
266, Faubourg Saint-Honoré
F 75008 Paris
Tel. 00 33-1-42 27 43 03
Fax 00 33-1-44 40 09 63
E-mail andree.mace@wanadoo.fr
*Kamine aus Stein und Marmor, 15. bis
18. Jh., Spezialist für Restaurierung und
Aufbau seit mehr als 100 Jahren.*

SBR Paris Salles de Bains »Rétro«
Antiquités de Plomberie et de Toilette
29 - 31, rue des Dames
F 75017 Paris
Tel. 00 33 - 1 - 43 87 88 00
Fax 00 33 - 1 - 43 87 88 00
Mobil 0033 - 6 - 80 43 10 33
Website http://perso.wanadoo.fr/sbr
*In drei Pariser Läden Sanitärausstattung
vom Feinsten, vor 1925, technisch perfekte
Reproduktionen von Badezimmerarma-
turen nach Originalmuster, Katalog per
Internet. (Foto S. 10)*

Joel Féau & Cie
Boiseries – Antique Wood Paneling
9, rue Laugier
F 75017 Paris
Tel. 00 33 - 1 - 47 63 60 60
Fax 00 33 - 1 - 42 67 58 91
Mobil 00 33 - 6 - 09 65 21 16
E-mail feaubois@aol.com
*Dieses Haus von 1875 gilt als erste
Adresse für Boiseries, von denen stets gut
120 komplette und originale Vertäfelungen auf Lager sind. Vertreten sind das
17. und 18. Jahrhundert ebenso wie Expo-
nate von 1930 und 1940. Ein Archiv von
mehreren Tausend Originalprospekten
ermöglicht alle gewünschten Reeditionen
im Stil der Zeit. (Foto S. 12)*

Broc' Antique, Mario Millord
4, place du Marché
F 77580 Crecy La Chapelle
Tel. 00 33 - 1 - 64 63 85 75
Fax 00 33 - 1 - 64 63 63 97
*Bauelemente aus dem 18. und 19. Jh.,
Besichtigung nach telefonischer Verein-
barung.*

S.A.R.L Mazzolin Di Fiori
1, rue André Mojart
F 78270 Cravent
Tel. 00 33 - 1 - 34 76 11 22
Fax 00 33 - 1 - 34 76 17 42
*Antiquitätenhändler mit antiken Bauele-
menten und Baumaterialien aus dem
17., 18. und 19. Jh.: Türen, Wandvertäfelungen, Fliesen und Kamine in vielen Ausführungen.*

Pierrette et Pierre Quitard
Elements Anciens de Décoration, Boiseries
Impasse du Boeuf Couronné
F 78550 Bazainville
Tel. 00 33 - 1 - 34 87 61 88
Fax 00 33 - 1 - 34 87 63 22
*55 km westlich von Paris in der Nähe
von Houdan hat sich dieses Familienunter-
nehmen auf Holzvertäfelungen aus dem
17. und 18. Jh. spezialisiert und führt mit
einem Ebonisten deren Anpassung und
Einbau durch. Haben einen zweiten Laden
in St.-Ouen auf dem Marché Serpette,
Allée 3, Stand 18, 110, rue des Rosiers.
(Foto S. 66)*

Origines Matériaux Anciens
14, Porte d'Epernon
F 78550 Houdan
Tel. 00 33 - 1 - 30 88 15 15
Fax 00 33 - 1 - 30 88 11 80
E-mail info@origines.fr
Website www.origines.fr
*Antike Kamine, Bodenplatten, Parkette
und Steinbrunnen, 15. bis 19. Jahrhundert,
auch Reeditionen. (Foto S. 66)*

152

Les Vielles Pierres du Mellois
De Coninck S.A.R.L., Matériaux Anciens
Le cerizat de Chail-D. 948
F 79500 Melle
Tel. 00 33 - 5 - 49 29 31 23
Fax 00 33 - 5 - 49 29 47 77
Komplette Gebäude, Anlagen und Fassa-
den aus dem 19. Jh mit Pariser Flair, wie
z.B. die verglasten Veranden der Pariser
Straßencafés. Verkaufsbüro in St. Ouen.

Au Grenier de Beauvallon
Route du Bord de Mer (RN 98)
F 83120 Sainte-Maxime
Tel. 00 33 - 4 - 94 43 88 92
Fax 00 33 - 4 - 94 43 88 92
In der Nähe von St. Tropez ein klassisches
Lager mit französischen Bauantiquitäten:
Brunnen, Statuen, Vasen, Säulen.

Dutto frères S.A.R.L.
ZI Les Consacs, rue St Jean
F 83170 Brignoles
Tel. 00 33 - 4 - 94 69 07 78
Fax 00 33 - 4 - 94 69 40 14
Im Industriegebiet zwei Lager von insge-
samt 10 000 m² mit Ware aus dem 17.,
18. und 19. Jh. Restaurierungswerkstatt
für Holz, Stein und Eisen. (Foto S. 52)

Les Mille et une Portes
Christian Jacques Seillé
4 et 9, place Emile Zola
F 83570 Carcès
Tel. 00 33 - 4 - 94 04 50 27
Fax 00 33 - 4 - 94 04 34 67
Mobil 0033 - 6 - 09 96 56 78
Reichhaltiges Angebot an Haus- und
Zimmertüren sowie Wandverkleidungen,
Türen von Einbauschränken und Kamine
aus Holz aus dem 17., 18. und 19. Jh.

Hervé Baume
17-19, rue Petite Fusterie
F 84000 Avignon
Tel. 00 33 - 4 - 90 86 37 66
Fax 00 33 - 4 - 90 27 05 97
Bauantiquitäten aus allen Epochen:
Brunnen aus Marmor und Stein, Garten-
vasen aus Gusseisen und Stein, Garten-
mobiliar aus Eisen, antik und als
Reedition.

S.A.R.L Brachet
Provence Vieux Matériaux
Quartier du Camp
F 84300 Cavaillon
Tel. 00 33 - 4 - 90 78 28 12
Fax 00 33 - 4 - 90 76 29 13
Spezialist für Bodenplatten aus Terracotta
und Stein, Kamine und Brunnen, antike
Originale und Reeditionen.

S.A.R.L. Jean Chabaud, Matériaux Anciens
ZI, Route de Garcas
F 84400 Apt
Tel. 00 33 - 4 - 90 74 07 61
Fax 00 33 - 4 - 90 74 48 15
Verkauf von Bauelementen aus Rückbau,
Handfabrikation von Fliesen, Reeditionen
aus Stein. (Foto S. 47, 90)

Provence Retrouvée
Matériaux Anciens
Route d'Apt
km 4, RN 100
F 84800 L'Isle sur la Sorgue
Tel. 00 33 - 4 - 90 38 52 62
Fax 00 33 - 4 - 90 38 62 97
20 km östlich von Avignon ein sehr großes
Lager von antiken Architekturelementen
und Baumaterialien: Bodenplatten,
Kamine, Becken, Pfeiler, Pflaster und Dach-
ziegel. 30 Modelle von neu angefertigten,
aber farblich patinierten Brunnen und
Pfeilern, die aus Stein geschnitten sind.
(Foto S. 88/89)

S.A.R.L. Les Ateliers de St-Gaudent
Démolition, Récupération Vieux Matériaux
Saint-Gaudent
F 86400 Civray
Tel. 00 33 - 5 - 49 87 10 39
Fax 00 33 - 5 - 49 87 73 80
Mobil 00 33 - 6 - 07 88 32 43
Rückbauunternehmen zwischen
Angoulème und Poitier, das Kamine,
Balken, Fußböden, Fenster, Becken und
Brunnen, Hausteine aller Art, alles im Berg-
gezustand liefert oder auf Kundenwunsch
restauriert. Fachwerkgebälk nach Stück-
liste.

153

Les Matériaux d'Autrefois, Taveres
ZI La Naurais Bachaud, 6 rue Emile Zola
F 86530 Naintre
Tel. 00 33 - 5 - 49 90 15 32
Fax 00 33 - 5 - 49 90 18 77
Website www.materiaux-autrefois.com
Spezialist für Kamine aus Stein, Böden aus Terracotta, Fenstergewände, Wasserbecken, Gartenschmuck.

Michel – Matériaux Anciens
Taille de Pierre
30, rue des Champoulains
F 89000 Auxerre
Tel. 00 33 - 3 - 86 46 32 97
Fax 00 33 - 3 - 86 46 32 97
Website
www.michelmateriauxanciens.com
Ständig große Auswahl von Kaminen, etwa 100 Modelle, Steinrestaurierung durch den Fachmann. (Foto S. 79)

Olivier Quentin
14, route de Paris, RN 6
F 89400 Charmoy
Tel. 00 33 - 3 - 86 91 23 05
Fax 00 33 - 3 - 86 91 21 15
Neben einem allgemeinen Sortiment von Architekturelementen insbesondere Steinkamine, restauriert und im Bergezustand, sowie Eichenfachwerk, gereinigt und unter Dach gelagert. (Foto S. 23, 56/57)

S.A.R.L. Beaumarié
Antiquités, Brocante
227, rue de Versailles
F 92410 Ville-d'Avray
Tel. 00 33 - 1 - 47 09 68 02
Fax 00 33 - 1 - 47 50 07 94
Gartendekor und Bauantiquitäten aus dem 19. und 20. Jh., Spezialisierung auf schmiedeeiserne Zaungitter und Portale, die fachmännisch restauriert und an die Wünsche des Kunden adaptiert werden. Eine Fundgrube, die ihren Insidernamen »Caverne d'Ali Baba« zurecht verdient.

154

Ets. Philippe
Marché Biron, Stand 32, allée 1
F 93400 Saint-Ouen
Tel. 00 33 - 1 - 40 10 03 90
Fax 00 33 - 1 - 40 12 33 90
Laden auf dem Flohmarktareal von St. Ouen, in dem alles zu finden ist, was ein Pariser hôtel particulier (Stadtpalais) auszeichnet, also Baumaterial herrschaftlicher Provenienz.

Jean Neveu – Curiosités et Décoration
rue des Rosiers, L'Entrepot 80
F 93400 Saint-Ouen
Tel. 00 33 1 40 12 18 22
Fax 00 33 1 40 12 91 74
Antiquitätenhändler, der ausgefallene Kuriositäten und Dekorationen anbietet.

Les Vielles Pierres du Mellois,
De Coninck S.A.R.L.
152, rue des Rosiers
F 93400 St. Ouen
Tel. 00 33 - 5 - 49 29 31 23
Fax 00 33 - 5 - 49 29 47 77
Städtisches Verkaufsbüro der Stammfirma in Melle.

Mazeau »aux vieux mateaux«
28, rue Jules Valles
F 93400 St. Ouen
Tel. 00 33 - 1 - 40 11 63 92
Fax 00 33 - 1 - 40 12 69 74
Firma verdient ihr Geld mit der Vermietung von Schrottmulden, aus denen sie die verkäufliche Ware rettet.

Emmaüs, Troc de l'Ile und La Trocante

In allen größeren Städten sollten Sie nach den Firmen *Troc de l'Ile* , *La Trocante* sowie den Zweigstellen von *Emmaüs*, einem Verein zur Selbsthilfe, Ausschau halten, die unter ihrem Angebot an Gebrauchtwaren immer mal wieder interessante Baumaterialien und Architekturelemente haben.

Commissaires-Priseurs

Die folgenden Commissaires-Priseurs, die im Auftrag des Staates Versteigerungen durchführen, haben sich auf Bauantiquitäten spezialisiert:

Commissaire-Priseur Jean-Claude Granger
4, rue aux Tanneurs
F 28100 Dreux
Tel. 00 33 - 2 - 37 46 66 04 22
Fax 00 33 - 2 - 37 42 88 97

Commissaires-Priseurs Associés Tajan
Jacques & François Tajan
37, rue des Mathurin
F 75008 Paris
Tel. 00 33 - 1 - 53 30 30 30
Fax 00 33 - 1 - 53 30 30 31
E-mail tajan@worldnet.fr
Website www.tajan.com
Büros in Paris, New York und Lausanne.

Commissaires-Priseurs
Rieunier & Bailly-Pomméry
25, rue de Peletier
F 75009 Paris
Tel. 00 33 - 1 - 45 23 44 40
Fax 00 33 - 1 - 48 24 25 95
E-mail rbp@dial.oleane.com
Website www.encheres.com

Commissaire-Priseur Associé
Eric Couturier
8, rue Drouot
F 75009 Paris
Tel. 00 33 - 1 - 47 70 82 66
Fax 00 33 - 1 - 42 46 35 82
Email drouot@etudecouturier.com
Website www.etudecouturier.com
Veranstaltet jeden Herbst einen Sonder-
verkauf für edle Eisenwaren aus dem 16.
bis 18. Jh., Schlösser, Beschläge, Türklopfer
und Schlüssel. Liste für 35 FF.

Commissaires-Priseurs Faure & Rey
Hôtel des Ventes, Pierres d'Antan
Maître Audhoui, B.P. 48
F 78550 Houdan
Tel. 00 33 - 1 - 30 59 77 78
Fax 00 33 - 1 - 30 59 51 13
Veranstalten jedes Jahr im Oktober eine
Versteigerung antiker Bauelemente und
Bauantiquitäten. Ab September kann man
den Katalog (er kostet 120 bis 150 FF)
anfordern, in dem sämtliche Lose abge-
bildet und mit ihren Schätz- und Aufruf-
preisen beschrieben sind.

SCP Colobert-Letresor
Commissaires-Priseurs-Associés
6, avenue de Paris
F 91150 Etampes
Tel. 00 33 - 1 - 64 94 02 33
Fax 00 33 - 1 - 69 92 03 41

Transportunternehmen

Royneau International
ZI de Coudray
F 28000 Chartres
Tel. 00 33 - 2 - 37 28 59 18
Fax 00 33 - 2 - 37 91 07 85

Societé Nouvelle Atlantic
62, rue Mirabeau
F 94200 Ivry sur Seine
Tel. 00 33 - 1 - 46 72 74 36
Fax 00 33 - 1 - 46 - 70 71 45

E.D.E.T.
19, rue de Progès
F 93111 Montreuil,
Tel. 00 33 - 1 - 48 59 11 73
Fax 00 33 - 1 - 48 59 97 44

CAMARD
28, rue Christin Garcia
F 93210 La Plaine St. Denis,
Tel. 00 33 - 1 - 49 46 10 82
Fax 00 33 - 1 - 48 09 18 96

155

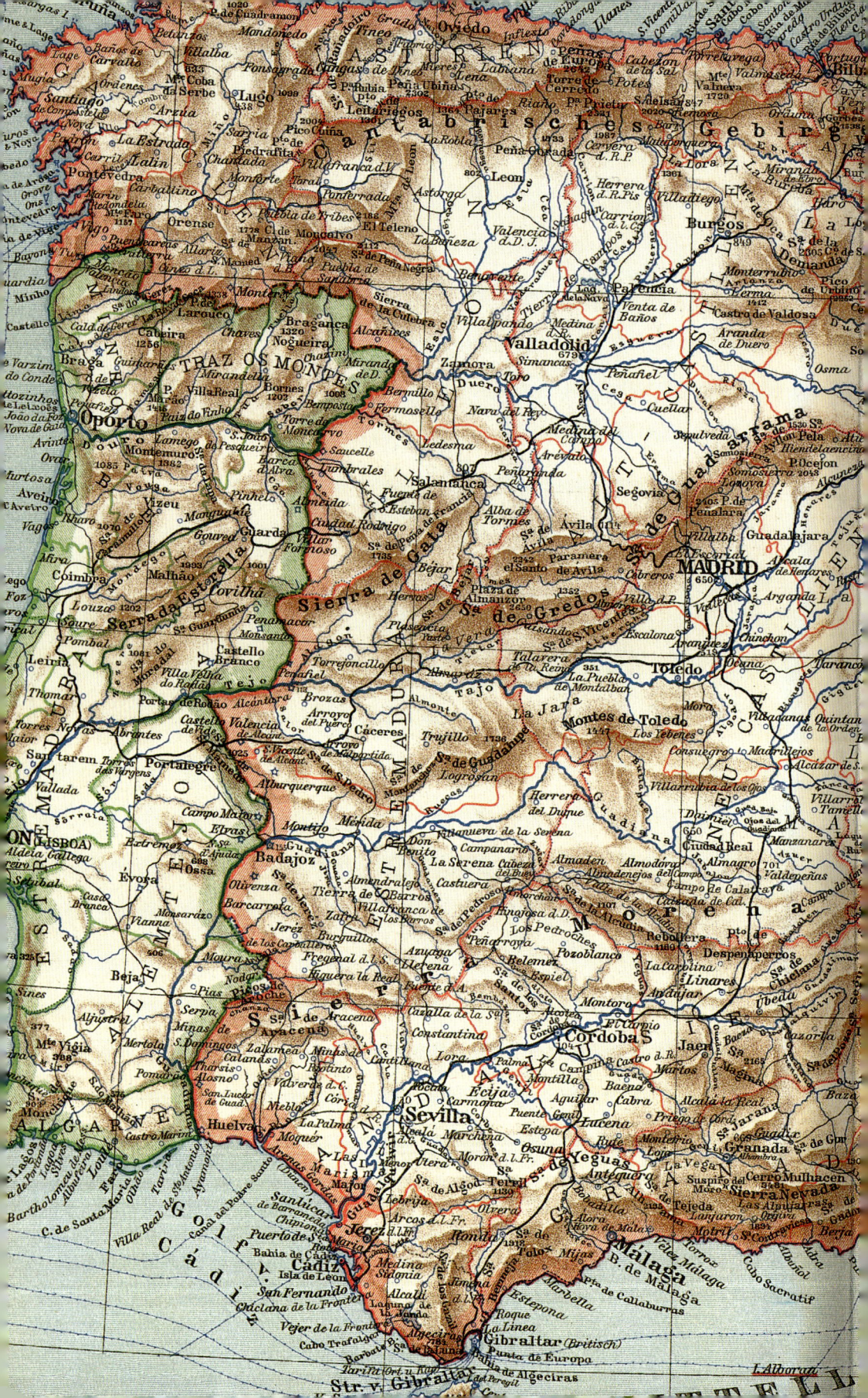

Adressen in Spanien

Händler für Bauantiquitäten
(Stand März 2000, sortiert nach PLZ)

La Casa del Coleccionista
C/San Antonia, 27 a
E 01005 Vitoria (Gasteiz)
Tel. 00 34 - 945 - 14 23 57
*In der Nähe von Navarra ein interessantes
Antiquariat mit Säulen, Fenstern, Portalen
und Eisenwaren.*

Rufino Munoz Elejalde
Abda Moreda s/n 3°D
E 01320 Oydan (Alava)
Tel. 00 34 - 941 - 12 23 09
Handwerksbetrieb für Baumaterialien.

El Anticuario
Antonio Amo
pl. Virgen de los Llanos
E 02001 Albacete
Tel. 00 34 - 967 - 21 59 53
Fax 00 34 - 967 - 52 15 87
*Antiquitätengeschäft mit klassischen
Architekturelementen für den Innen-
ausbau.*

Antonio Martin
C/Sierra Bermeja, 22
E 06184 Pueblo Nuevo de Guadiaro
Tel. 00 34 - 956 - 79 60 29
Mobil 00 34 - 6 - 17 44 39 71
*Ladengeschäft in einer Neubausiedlung,
die hauptsächlich von Engländern
bewohnt wird, und das man bereits von
der Autobahn sehen kann. Eine sehr große
Auswahl an schönen Steinbecken, aber
auch Türen, Fenstern, Säulen, Mühlsteinen
und handwerklichen Gerätschaften.*

Marabisa Santa Maria
Campo de Rosario 53
E 06300 Zafra
Tel. 00 34 - 924 - 55 03 03
*In der Nähe von Badajoz verkauft Frau
Marabisa Santa Maria Gitter und andere
antike Bauelemente.*

158

Liquidaciones
Carretera Igualada – San Peres
E 08000 La Pobla de Claramunt
*Sammelplatz eines älteren Schrotthändlers
für alte Maschinen, Fabrikeinrichtungen,
Lampen, Treppen und Gittern. Nur
Besuchsadresse, nicht für Schriftverkehr
geeignet.*

Mercantic
Rius y Taulot, 120
E 08000 Sant Cugat del Valles
Tel. 00 34 - 936 - 74 49 50
Groß- und Einzelhandel mit Antiquitäten.

Otranto
Elementos de Arquitectura Antigua
Paseo San Juan, 142
E 08037 Barcelona
Tel. 00 34 - 932 - 07 26 97
Fax 00 34 - 932 - 07 38 24
*Antiquitätengeschäft mit einem reich-
haltigen und sehr gepflegten Sortiment
an antiken Bauelementen, Türen und
Fenstern, Balkongittern, Treppen und
Kaminen, Badezimmerausstattungen,
behauenen Steinen, gusseisernen Säulen.*

Hierros Delta S. L.
C/Amadeo Torner, 105
E 08902 Hospitalet
Tel. 00 34 - 934 - 21 01 42
*Recyclingunternehmen mit einem
großen Lager an Eisengittern.*

Antigüedades La quinta
Luis Gil Alonso
Avda. Generalísmo, 8
E 09003 Burgos
Tel. 00 34 - 947 - 27 86 54
Fax 00 34 - 947 - 27 86 54
Mobil 00 34 - 6 - 70 60 71 84
*Antiquitätenhändler mit einer großen
Auswahl an Bauelementen und Dekora-
tionen: Haus- und Zimmertüren, Spring-
brunnen, Gitter und Balkonbrüstungen,
spanische Möbel aus dem 18. bis 19. Jh.
In seinem Fundus hat Señor Alonso einen
seltenen Amboss »TAF« im neogotischen
Stil aus dem 19. Jahrhundert.*

El Coronil
Marcos Fernándes González
Carretera Utrera, km 1.500
E 11000 Utrera
*Autoschrottplatz auf dem Weg von
Sevillas nach Jerez, wo man immer mal
wieder einige Fenstergitter, Eisentreppen
und Balkongeländer finden kann.*

Demolición Aragon S.L.
Juan Aragon
N 340, km 6,5
E 11130 Chiclana de la Frontera
Mobil 00 34 - 6 - 08 12 77 02
*Hinter einer Tankstelle mit Michelin
Reifendienst findet man dieses Abbruch-
unternehmen mit einem sehr großen
Angebot an Gittern. (Foto S. 134, 143)*

Comercio de Objetos Usados
Javier Gonzáles Orta
Avenida Cartagena, 118
E 11300 La Línea de la Concepción / Cadiz
Tel. 00 34 - 956 - 64 32 74
*Ist Europas südlichster Baustoffhändler
mit einer großen Vielfalt an unrestaurier-
ten und restaurierten Türen, Toren, Fen-
stern mit Klappläden, Gittern, palettierten
Ziegelsteinen, Granitpflaster und einem
schönen Angebot von regionalen Boden-
fliesen. (Foto S. 136/137)*

Cayetano Antigüedades
C/Letrados, 4
E 11403 Jerez
Tel. 00 34 - 956 - 34 88 06
*An- und Verkauf von antiken Lampen
und Straßenlaternen.*

El Sevillano, David Montoya
E 11800 Lebrija / Guadalquivir
Tel. 00 34 - 929 - 47 32 15
*Stierkämpfer David Montoya, der nebenbei
Baumaterial wie Fenster- und Balkongitter,
Balkonbrüstungen und Türen verkauft. Nur
telefonisch erreichbar.*

Luis Elvira
C/Ramon y Cajal, 9
E 12594 Oropesa del Mar (Castellón)
Tel. 00 34 - 964 - 31 07 51
Fax 00 34 - 964 - 31 20 91
*Antiquitätenhändler und Sammler von
antiken spanischen Gittern, mit denen er
eine viel bachtete Ausstellung gestaltet
hat. (Foto S. 112)*

El Almacén
Luis Romero Córdoba
Carretera Córdoba-Málaga km 69
E 14900 Lucena
Tel. 00 34 - 957 - 51 70 11
*Auf 1600 m² andalusische Antiquitäten,
speziell Hunderte von Türen und Portalen.*

159

Materials de Recuperación – La Granja
Antiquari Enric Serraplanas
Carretera de Molet s/n, Casa Avinyó
E 17491 Perelada (Girona)
Tel. 00 34 - 972 - 53 84 81
Fax 00 34 - 972 - 53 83 70
Mobil 00 34 - 6 - 09 33 13 55
E-mail calsagrista@jet.es
*Komplettes Sortiment an antiken Bau-
elementen und Baumaterialien aus Rück-
bau: Kamine aus Stein, Marmor und Holz,
Springbrunnen und Bänke, Werksteine,
Backsteine und Dachziegel, Türen und
Fenster, Balkonbrüstungen, Fenstergitter
und Straßenlaternen, Bodenplatten und
Pflaster aus allen Epochen. (Foto S. 111)*

Helena Herrero
C/Final de Filipinas
E 20240 Ordiniza Guipuzcoa
Tel. 00 34 - 943 - 88 27 66
*Im Baskenland in der Nähe zur französi-
schen Grenze Antiquitätenhandel mit
einem interessanten Angebot von Säulen,
Fenstern, Portalen und Eisenwaren.*

Balboa Mercadillo de Antigüedades
C/Munez de Balboa, 63
E 28001 Madrid
Tel. 00 34 - 915 - 78 33 81
*Antiquitätenhändler mit antiken
Baumaterialien.*

Almacén de Artesanía y Antigüedades
C/Rio Tormes, 9
E 28110 Algete/Madrid
Tel. 00 34-916-28 08 42
Lager für Kunstwerk und Antiquitäten,
darunter auch antike Baumaterialien.

Almacén de Artesanía y Antigüedades
Av. Montes de Oca, 20/Saldia 19
E 28700 San Sebastian de los Reyes,
Polígono Industrial
Tel. 00 34-916-63 70 97
Lager mit Kunsthandwerk und Antiquitä-
ten, Ausgrabungen, Architekturelemente
für den Innenausbau.

160

El Rastro Delgado
Carretera de Cadiz, km 239
E 29000 Málaga
Tel. 00 34-952-230518
Ein nicht einfach zu findendes, aber
unglaublich vielseitiges Lager an Eisen-
gittern, Toren, Türen, Bodenfliesen,
Marmorkaminen und anderen Antiqui-
täten, wo auch Händler einkaufen.
(Foto S. 128/129)

El Rastro de Rio Verde
Carretera de Cadiz, km 176
E 29600 Marbella
Tel. 00 34-952-82 23 44
Fax 00 34-952-82 25 75
Mobil 00 34-908 45 24 32
www.tsai.es/apex/empresas/rastro/
Sehenswertes Lager an Fenstervergit-
terungen, Brunnenabdeckungen, Türen
und anderen antiken Baumaterialien.
(Foto S. 130)

PK Rodrigo Plazas Kock
Almacén de trastos
C/Granito, 27
E 29600 Marbella/
La Eremita (Industriegebiet)
Tel. 00 34-952-77 53 04
Fax 00 34-952-82 72 00
Mobil 00 34-6-10 34 46 06
Antike Haus- und Zimmertüren aus dem
18. bis 19. Jh., Fenster mit Klapplöden,
Werksteine, Deckenbalken und viele ande-
re antike Baumaterialien. (Foto S. 124)

Parrado
Carretera de Cadiz, km 178,5
E 29600 Marbella Real
Tel. 00 34-952-85 73 40
Antiquitätenhändler für Baumaterialien
an der Achse von Marbella nach Cadiz.

Cavon
Camilla Smidt-Hall
Carretera de Cadiz, km 169,5
E 29670 St. Pedro de Alcantara
Tel. 00 34-952-88 28 97
Fax 00 34-952-88 52 93
Die hilfsbereite Schwedin bei Cavon hat
ein sehr gepflegtes Sortiment von
schönen, zum Teil restaurierten Fenstern,
Gittern, Säulen, Türen, aber auch länd-
lichem Gerät und Antiquitäten mit Pfiff.
(Foto S 132/133)

Alonso Cortes
José Ramos, 36
E 29670 St. Pedro de Alcántara
Tel. 00 34-952-78 02 71
Werkstatt und Lager eines Trödlers, der sei-
ne Ware, meist Türen und Fenster, auf den
umliegenden Flohmärkten anbietet.

La Mercedora
Antigüedades, Mueblos y Decoración
Carretera Cadiz, km 166
E 29680 Estepona urb. Bel Air, Málaga
Tel. 00 34-95-288 57 36
Fax 00 34-95-288 57 36
E-mail mercedora@activanet.es
Website www.activanet.es
Spezialangebot von Türen aus bürgerlichen
Mietshäusern, Kaminen, Fachwerk und
Balken, Tonkrügen aller Größen, Gittern
aus Spanien und Portugal seit dem
17. Jahrhundert.

Antic Europa S.L.
Curt Martinez
Rincón de la Aduana, 18
E 31001 Pamplona
Tel. 00 34-948-23 13 04
Zweites Lager von Antic Europa S.L. in
Cambrils mit Bauantiquitäten wie Gittern
und Steinen.

Antigüedades Brocal
Plaza San Martin
E 31200 Estrella (Navarra)
Tel. 00 34 - 948 - 55 25 02
Fax 00 34 - 948 - 55 18 81
*In der Nähe von Vitoria (Gaseiz) Angebot
von Säulen, Fenstern, Portalen und Eisen-
waren.*

Enrique Navarro Garcia
C / Ochavo 1
E 37800 Alba de Tormes (Salamanca)
Tel. 00 34 - 923 - 30 09 93
Fax 00 34 - 923 - 30 09 84
*Spezialisierte Architekturantiquitäten,
Türen und Tore, 20 km südlich der
Universitätsstadt Salamanco.*

Camus Ares
C/Isabel la Católica
E 39007 Santander
Tel. 00 34 - 942 - 23 74 21
Antiquitätenhändler mit Kaminen.

Oreña Antigüedades
carretera Santillana del
Mar – Comillas, km 5,500
E 39525 Oreña
Tel. 00 34 - 942 - 72 60 92
Mobil 00 34 - 6 - 08 35 81 19
Antiquitäten, darunter auch einige
Kamine.

Arte Segovia S.L.
Carretera de San Ildefonso, s./n.
E 40100 La Granja
Tel. 00 34 - 921 - 47 19 00
Mobil 00 34 - 921 - 47 21 44
*Kunsthändler mit innenarchitektonischen
Bauelementen und Dekorationen.*

El Bombin
Carmen López Gómez
Alameda de Hercules, 15
E 41002 Sevilla
Tel. 00 34 - 954 - 90 43 13
*Antiquitätengeschäft mit Gittern, steiner-
nen Wasserbecken und Türen.*

Coleccionista Antigüedades
José Rivera Guerro
Avda. de Utrera, 2
E 41500 Alcalá de Guadaira
Tel. 00 34 - 955 - 68 07 05
Mobil 00 34 - 6 - 09 33 13 55
Sammler von Antiquitäten und
Architekturelementen, die von Fall zu Fall
auch aufgearbeitet auf dem Markt von
Fuengirola verkauft werden.

Hierro – Compra – Venta
Antonio Rico Donoso
Cañada de Otivar, s/n
E 41500 Alcalá de Guadaira
Tel. 00 34 - 955 - 61 00 37
Mobil 00 34 - 6 - 49 94 97 89
*Baustoffhändler mit antiken
Baumaterialien.*

161

Piñol Pallarés, c.b.
Rajoleria Artesana, Tot rústic
C/Perillos, 4
E 43519 El Perelló
Tel. 00 34 - 977 - 26 71 83
Fax 00 34 - 977 - 26 71 83
Mobil 00 34 - 6 - 09 - 07 26 77
*Keramische Werkstatt für Backsteine,
Dachziegel, Bodenplatten aus gebranntem
Ton und Verkauf von antiken Bauelemen-
ten, Säulen, Brunnen und Dekor.
(Foto S. 21, 50)*

Antic Europa S.L. Curt Marinez
carretera Barcelona-Valencia
N 340, km 1146
E 43850 Cambrils
Tel. 00 34 - 977 - 79 44 76
Fax 00 34 - 977 - 79 44 76
*Lager abseits der N 340 mit Bauanti-
quitäten wie Gittern und Steinen.*

Hierros Delta S. L.
Carretara Nacional 340, km 182,350
E 43894 Camarles Tarragona
Tel. 00 34 - 977 - 47 02 04
Fax 00 34 - 977 - 47 02 04
*Lagerplatz eines Recyclingunternehmen
mit vielen Eisengittern.*

El Castillito Antigüedades
Juan Montya Losada
Carretera Madrid-Alicante, km 19,2
E 45800 Quintanar de la Orden
Tel. 00 34 - 925 - 18 16 10
Fax 00 34 - 925 - 18 16 09
*Antiquitätenhändler mit breitem Sortiment
an Bauelementen und Dekorationen, für
den Garten: Bänke, Brunnen und Säulen;
Bodenplatten aus Stein, Türen, Tore,
Fenster und Fensterläden, Gitter und
Brüstungen sowie Bauholz für die Restau-
rierung.*

162

Fragonard Antigüedades S.L.
C/Gamazo, 14
E 47004 Valladolid
Tel. 00 34 - 983 - 30 06 00
Fax 00 34 - 983 - 33 68 66
*Antiquitätenhändler mit innenarchitek-
tonischen Bauelementen.*

Cabrejas Antigüedades
C/Mayor, 41
E 50001 Zaragoza
Tel. 00 34 - 976 - 29 60 28
*Antiquitätengeschäft mit Statuen und
Architekturelementen für den Innenaus-
bau.*

El Quinqué Antigüedades
C/El Molino
E 50003 Zaragoza
Tel. 00 34 - 976 - 29 60 28
*Antiquitätengeschäft mit Architektur-
elementen für den Innenausbau.*

Cebrian Magaña
Puerto de la Constitución 28
E 50003 Zaragoza
Tel. 00 34 - 976 - 39 22 03
*Antiquitätengeschäft mit Architektur-
elementen für den Innenausbau.*

Mallorca

La Gran Oportunidad
Carretera de Valldemosa
E 07120 Palma di Mallorca
Tel. 00 34 - 971 - 20 77 22
Von allem etwas.

Derribos Delat
Son Pujols des Garrovers, 4 (San Fermol)
E 07198 Palma di Mallorca
Tel. 00 34 - 971 - 12 73 73
Deckenbalken.

Speditionen

Lübke
E 29600 Marbella (Elviria)
Carretera Cadiz, km 189
Tel. 00 34 - 952 - 83 96 70
Fax 00 34 - 952 - 83 96 70
Mobil 00 34 - 6 - 16 36 27 06
*Es handelt sich um eine selbständige
Subunternehmung des deutschen Unter-
nehmens Lübke: Telefon 0 54 81 - 35 32*

Unternehmerverband
Historische Baustoffe e.V., Dreihäusle 3
D 78112 St. Georgen
Tel. 0 77 24 - 35 89
Fax 0 77 24 - 32 85
E-mail verband@historische-baustoffe.de
Website www.historische-baustoffe.de
*Verschickt aktuelle Mitgliederlisten an
Interessenten und leitet Materialgesuche
und Angebote weiter.*

Historische Bauelemente O. Elias
Bärenklauer Weg 2
D 16727 Marwitz b. Berlin
Tel. 0 33 04 - 50 22 42
Fax 0 33 04 - 50 22 67
Mobil 01 72 - 3 86 14 89
Website www.historisches-baumaterial.de
*Hat regelmäßig französisches Gartendekor
wie Pavillons und Säulen auf Lager sowie
Gartenmöblierung in vielen Varianten.*

Persch Antike Baumaterialien
und Inneneinrichtungen
An der B5 Nr.11
D 25920 Risum-Lindholm
Tel. 0 46 61 - 51 11, Fax 0 46 61 - 50 11
Website www.persch.com
*Großes Lager an französischen und
spanischen Terracottaplatten sowie
französische Terracottatöpfe.*

Baustoff-Recycling Th. Knapp GmbH
Am Bahnhof 1
D 37627 Deensen
Tel. 0 55 32 - 13 20, Fax 0 55 32 - 15 68
E-mail knapp@historische-baustoffe.de
www.knapp-historische-baustoffe.de
*Terracottaplatten in den Maßen 14/14
bis 24/24, 11/22, 15/24 und sechseckig
mit Kantenlänge 9 cm.*

Historische Baustoffe
Angelika und Rüdiger Schaar
Geilingsweg 7
D 47506 Neukirchen-Vluyn
Tel. 0 28 45 - 3 21 84
Fax 0 28 45 - 3 21 84
E-mail info@schaar-historische-baustoffe.de
*Antike Terracottaplatten und neue, hand-
gefertigte mallorcinische Baustoffe und
Gartendekor.*

Kölnberger GmbH & Co. KG
Antike Böden
Gut Hausen, Hausener Gasse
D 52072 Aachen
Tel. 02 41 - 1 32 71
Fax 02 41 - 17 52 55
Mobil 01 72 - 241 32 71
Website www.antikeboeden.de
*Auf Lager ständig mehrere 100 m² Böden
des 16. bis 19. Jh aus Blaustein, Marmor,
Sandstein, Burgunder Kalkstein und hand-
geformte Terracotta-Böden aus Frankreich,
französische Kamine, Marmorbecken und
Brunnen. (Fotos S. 26, 55, 63)*

163

Gailing Frankfurt – Historische Fliesen
Hainbuchenstr. 14a
D 60529 Frankfurt/M.
Tel. 0 69 - 35 04 65
Fax 0 69 - 35 73 99
Mobil 01 72 - 6 80 09 39
E-mail info@gailing.com
Website www.gailing.com
*Landhausfliesen aus Frankreich, alte und
neue Terracottaböden, neu angefertigte
Intarsienfliesen (Foto S. 30)*

AnnoTobak Historische Baumaterialien
Hubert Gropp-Mühle & Anik Mühle
Ludwigstraße 38
D 67165 Waldsee
Tel. 0 62 36 - 5 47 85
Fax 0 62 36 - 50 00 53
E-mail AnnoTobak@t-online.de
*Alte, handgestrichene Biberschwanzziegel
und Türen aus Frankreich, Terracotta-
platten, Ornamentfliesen und Gartendekor,
antik und aus neuer Produktion.*

Antik Ofen Galerie
Markus und Ruth Stritzinger
Hauptstr. 1
D 76835 Burrweiler (Pfalz)
Tel. 0 63 45 - 91 90 33
Fax 0 63 45 - 91 90 34
Mobil 01 61 - 91 90 22 30
Website www.antik-ofen-galerie.de
*Museum mit einer Sammlung von etwa
500 Gussöfen aus allen Epochen und
Ländern und Verkauf. (Foto S. 73)*

Krause – Historische Elemente
Mediterranes Ambiente
Franckensteinstr. 1
D 77749 Hohberg-Hofweier
Tel. 0 78 08 - 94 93 - 0
Fax 0 78 08 - 94 93 - 92
www.krause-antikes-baumaterial.de
Ausstellung auf 4500 m² Freigelände und 600 m² Halle: Terracotta-, Stein und Holz-fußböden, mediterrane Natursteinbrunnen, antike Elemente und ausgesuchte Acces-soires für Haus und Garten. (Foto S. 42)

164

Historische Türen, Schlösser u. Beschläge
Florian Langenbeck
Weißerlenstr. 1e
D 79108 Freiburg
Tel. 07 61 - 13 58 01
Fax 07 61 - 13 58 02
E-mail Langenbeck@historische-tueren.de
Website www.historische-tueren.de
Spezialist für historische Türen, Beschläge und Glas, langjähriger Kenner des franzö-sischen Marktes.

Wilfried Juhnke – Historische Baustoffe
Handel, Restauration, Gestaltung
Mauchener Straße 10
D 79379 Müllheim
Tel. 0 76 31 - 17 08 17
Fax 0 76 31 - 1 69 85
Architektonische Einzelelemente, Garten-dekor, alte Natursteinbrunnen und Sand-steinplatten, Terracottaplatten, Eisentore und Zäune. (Foto S. 35)

Habit arte* Nymphenburg
Georgia Wittmaack, Schauerstr. 7
D 80638 München
Tel. 0 89 - 17 16 07, Fax 0 89 - 17 18 08
Mobil 01 71 - 7 94 89 08
E-mail info@habit-arte.com
Website www.habit-arte.com
Beratung, Planung und Vermittlung von historischen Architekturelementen und Anwesen aus Frankreich. Parkett- und Die-lenböden, Terracotta- und Ornamentflie-sen, Kaminmasken verschiedener Stile aus Stein und Marmor; Gartenobjekte: Statuen, Pflanzgefäße und Brunnen. Terminabspra-che erbeten. (Foto S. 60)

Antikes Baumaterial
Günter Rischkopf
Römerstr. 9
D 82319 Perchting - Starnberg
Tel. 0 81 51 - 1 63 47 u. 78 237
Fax 0 81 51-33 87
Großes Angebot an französischen Architekturelementen: Parkettböden aus dem 18. Jh., restauriert und einbaufähig, Kamine aus Marmor und Stein sowie Boiseries und Gartenobjekte. Besuch nur nach telefonischer Rücksprache. (Foto S. 67)

Antike Bauelemente
Yves Glotin
Korbinianstr. 27
D 82515 Wolfratshausen
Tel. 0 81 71 - 2 84 43
Fax 0 81 71 - 2 84 44
Mobil 01 71 - 5 80 79 14
Pierre-Yves Glotin, gebürtiger Franzose mit bayerischer Wahlheimat, hat sich auf fran-zösische Architekturelemente und Kamine spezialisiert, von denen er eine große Aus-wahl in allen Stilen und Ausführungen auf Lager hat. Auch antike und handgefertigte Terracottaböden. (Foto S. 77)

Antike Kachelöfen Holtebrinck
Mürnsee 13
D 83670 Bad Heilbrunn
Tel. 0 80 46 - 17 48, Fax 0 80 46 - 80 46
Mobil 01 71 - 6 01 24 64
E-mail holtebrinck@t-online.de
Website www.antike-kacheloefen.de
Der Spezialist Theo Holtebrinck bietet den Service an, im Stil zum mediterranen Umfeld passende Kachelöfen im Urlaubs-domizil im Süden aufzubauen. (Foto S. 108)

Spedition

Anterist und Schneider GmbH Güdingen
Am Felsbrunnen
D 66119 Saarbrücken,
Telefon 06 91 - 87 03-01
Fax 06 91 - 87 03 - 388
Dieses Unternehmen arbeitet im Nah-verkehr mit Unitrans zusammen.

Glossar:
deutsch / französisch / spanisch

Abriss / démolition / demolición, derribo

Abrissunternehmen /
entreprise de démolition /
empresa de demolición

An- und Verkauf / achat et vente, dépot-
vente, troc, trocante /
compra (y) vent, rastro

antike Materialien /
matériaux anciens /
objetos históricos, objetos antiguos

Antiquitäten / antiquitées /
antigüedades

Antiquitätenhändler / antiquitaire / anticuario

Antiquitätenmesse, Mustermesse / foire
des antiquitées /
feria de antigüedades

Architekturelemente /
éléments d'architecture /
elementos clásicos de arquitectura

Backsteine / briques / ladrillos

Badewanne / baignoire / bañera

Balken / poutre / viga

Balkongitter / grille de balcon / barandilla

Baluster / balustres / balaustre

Bauantiquitätenhändler / antiquaire du
bâtiment /
anticuario de elementos clasicos
de arquitectura

Bauernmöbel / meuble rustique / mueblo
rustico

Baustil / stile /
estilo arquitectónico

Baustoff, Baumaterial / matériaux / materiales

Biberschwanz / tuile plate /
teja plana

Bodenplatten / dallage / losa

Springbrunnen / fontaine / fuente

Brunnenbecken / puits / pozo

Dachziegel / tuile / teja

Deckenbalken / solive /
viga de techo

dekoratives Bauelement /
élément décoratif /
elemento decorativo

Diele, Holzdiele / planche /
vestibulo

Eiche / chêne / roble

Eisen / fer / hierro

Eisenwaren / ferronnerie /
ferreteria

Fenster / fenêtre / ventana

Fenstereinrahmung /
encadrement (tour) de fenêtre /
armazón de ventana

Fenstergitter / grille / reja

Fensterladen / volet /
postigo contra ventana

Fliesen, glasiert / carrelage /
azulejos

Flohmarkt / marché aux puces / rastro

Gartendekor / ornement de jardin / complementos de jardín

Gartenurne, Vase / jarre, vase / jarón

Gaube, Dachgaube / lucarne / buhardilla

Gebälk / poûtre de charpente / madera

Gebäude / édifice / edificio

Gebrauchtwarenhandel / troc, trocante /
empresa de compraventa

Gelbe Seiten / pages jaunes / páginas
amarillas

Gitter / grille / reja

Glasscheibe / vitrail / vidrio

Granit / granit / granito

Gusseisen / fer de fonte, fonte / hierro
fundido, fundación

Haustür / porte d'entrée /
puerta de entrada principal

historische Baumaterialien /
matériaux de démolicion /
material de recuperación

Holz / bois / madera

Holzkamin / cheminée de bois /
chimenéa de madera

Kachelofen / poêle de faïence / estufa

Kalksandstein / calcaire /
piedra de cal

Kamin / cheminée / chimenéa

Kaminaufsatz / trumeau / (-)

Kastanie / castaigne / castañe

Keramik / terre cuite / cerámica

Konglomeratgestein /
pierre composite / piedra composita

Laterne / lanterne / linterna

Laube, Gartenlaube / pavillon / glorieta,
pabellón

Marmor / marbre / mármol

Marmorkamin / cheminée à marbre /
chimenea de mármol

Materialien aus Rückbau /
matériaux de récupération /
elementos de recuperación

Mauer / mur / muro

Mauerwerk / muraille /
mampostería

Messe / foire / muestra

Mönch- und Nonnedachziegel /
tuile ronde /
teja superior y teja de canal

Mosaik / mosaique / mosaico

Naturstein / pierre / mampuesto

Nippes / bibelot / curiosidades

Ofen, Herd / four / horno

Ofen, Stubenofen / poêle / estufo

Parkett / parqueterie / parqué, parquet

Pfeiler, Stütze / pilier / pilar, pilastra,

Pflaster / pavé / pavimento

Pinie / pin / piño

Platte / dalle / platea

Platten, Steinplatten /
dalles, dalles de pierre / losas

Portal / portail / portone

Replikat, Reedition / réedition / copia
reprodución, replica

Restaurierung, Renovierung /
restauration, rénovation / renovación

Säule / colonne / columna

Sandstein / grès / gres

Sanitärausstattung / équipement
sanitaire / instalaciones sanitarias

Schiefer / chiste / pizarra, esquisto

Schmiedeeisen / fer forgé /
hierro forjado

Schrott, Alteisen / ferrailles /
chatarra

Schrotthändler / ferailleur /
chatarrero

Skulptur / sculpture / escultura

Sockel / piedestal / zócalo

Spediteur / transporteur /
transportista

Springbrunnen / vasque, jet d'eau /
surtidor

Stabparkett / parquett massif /
entarimado

Statue / statue / estatua

Stein / pierre / piedra

Steinkamin / cheminée à pierre /
chimenéa de piedra

Straßenlaterne / réverbère / farol, farola

Treppe / escalier / escalera

Trödler / brocantiste / trastero

Tür / porte / puerta

166

Türumrahmung / encadrement de porte /
armazón de puerta

Unterdachplatten / fenilles / (-)

Wandvertäfelung / boiseries / (-)

Waschbecken / lavabo / lavabo

Wasserbecken / auge, bassin / pila

Wasserspeier / gargouille / gargola

Wendeltreppe / tornante /
escalera decaracol

Werkstein, Haustein, Quaderstein /
pierre sculptée, pierre taillie / sillar

Zementfliesen, koloriert / carreaux au
ciment coloré / pavimente de hormigón
colorado

Zimmertür / porte intérieure / puerta de
separación

167

Glossar französisch / deutsch / spanisch

Glossar:
französisch / deutsch / spanisch

achat et vente / An- und Verkauf / compra (y) vent

antiquaire du bâtiment / Bauantiquitätenhändler / anticuario de elementos clasicos de arquitectura

antiquaire / Antiquitätenhändler / anticuario

antiquitées / Antiquitäten / antigüedades

auge / kleines Wasserbecken / pila

baignoire / Badewanne / bañera

balustres / Baluster / balaustre

bassin / großes Wasserbecken / pila

bibelot / Nippes / curiosidades

bois / Holz / madera

boiseries / Wandvertäfelungen / (-)

briques / Backsteine / ladrillos

brocantiste / Trödler / trastero

calcaire / Kalksandstein / piedra de cal

carreaux de ciment coloré / kolorierte Zementfliesen / pavimente de hormigón colorado

carrelage / glasierte Fliesen / azulejos

castaigne / Kastanie / castañe

cheminée / Kamin / chimenéa

cheminée à marbre / Marmorkamin / chimenéa de marmol

cheminée à pierre / Steinkamin / chimenéa de piedra

cheminée de bois / Holzkamin / chimenéa de madera

chêne / Eiche / roble

chiste / Schiefer / pizarra, esquisto

colonne / Säule / columna

dalles, dalles de pierre / Steinplatten / losas

démolition / Abriss / demolición, derribo

dépot-vente / Ankauf, Verkauf / rastro

élément d'architecture / Architekturelement / elementos clásicos de arquitectura, elementos arquitectonicos

élément décoratif / dekoratives Bauelement / elemento decorativo

encadrement de porte / Türumrahmung / armazón de puerta

encadrement de fenêtre / Fensterumrahmung / armazón de ventana

entreprise de démolition, démolisseur / Abrissunternehmen / empresa de demolición

équipement sanitaire / Sanitärausstattung / instalaciones sanitarias

escalier / Treppe / escalera

fenêtre / Fenster / ventana

fenilles / Unterdachplatten / (-)

fer / Eisen / hierro

fer de fonte, fonte / Gusseisen / hierro fundido, fundación

fer forgé / Schmiedeeisen / hierro forjado

ferailleur / Schrotthändler / chatarrero

ferrailles / Schrott, Alteisen / chatarra

ferronnerie / Eisenwaren / ferreteria

foire des antiquitées / Antiquitätenmesse, Mustermesse / feria de antigüedades, feria de muestras de antigüedades

fontaine / Brunnen, Springbrunnen / fuente

four / Ofen, Herd, Backofen / horno

gargouille / Wasserspeier / gargola

granit / Granit / granito

grès / Sandstein / gres

grille de fenêtre / Fenstergitter / reja de ventana

grille / Gitter / reja

grille de balcon / Balkongeländer / barandilla

168

hôtel particulier / Stadtpalais / (-)

jarre, vase / Gartenurne, Vase / jarón

lavabo / Waschbecken / lavabo

liquidations / Haushaltsauflösungen /
liquidaciones

lucarne / Gaube, Dachgaube / buhardilla

marbre / Marmor / mármol

marché aux puces / Flohmarkt / rastrillo

matériaux anciens / antike Materialien /
objetos históricos, objetos antiguos

matériaux de démolicion, matériaux de
récupération / Materialien aus Rückbau,
historisches Baumaterialien /
elementos de recuperación

mosaique / Mosaik / mosaico

mur / Mauer / muro

muraille / Mauerwerk / mampostería

ornement de jardin / Gartendekor /
complementos de jardín

pages jaunes / Gelbe Seiten / páginas
amarillas

parquet / Parkett / parqué

parquet massif / Stabparkett / entarimado

pavé / Pflaster / pavimento

pavillon / Laube, Gartenlaube /
glorieta, pabellón

piedestal / Sockel / zócalo

pierre / Stein, Naturstein /
piedra, mampuesto

pierre composite / Konglomeratgestein /
piedra composita

pierre sculptée, pierre taillie / Werkstein,
Haustein, Quaderstein / sillar

pilier / Pfeiler, Stütze / pilar, pilastra

pin / Pinie / piño

planche / Diele, Holzdiele / vestibulo

poêle / Ofen, Stubenofen / estufa

poêle de faïence / Kachelofen / estufa

portail / Portal / portone
porte / Tür / puerta

porte d'entrée / Haustür /
puerta de entrada principal

porte intérieure / Zimmertür / puerta de
separación

poteries / Tonwaren / alfarería

poutre / Balken / viga

poutre de charpente / Gebälk / madera

puits / Brunnenbecken / pozo

radiateur / Heizkörper / (-)

réedition / Replikat, Reedition /
copia reproducción, replica

restauration, rénovation /
Restaurierung, Renovierung / renovación

réverbère / Straßenlaterne / farol, farola

robinet / Wasserhahn / grifo

solive / Deckenbalken / viga de techo

statue / Statue als Säule /
estatua, columna atlante

stile / Baustil / estilo arquitectónico

terre cuite / Keramik / cerámica

tournante / Wendeltreppe /
escalera decaracol

troc, trocante / Gebrauchtwarenhandel /
empresa de compraventa

trocante, troc / An- und Verkauf,
Handel mit Gebrauchtwaren / rastro

trumeau / Kaminaufsatz / (-)

tuile / Dachziegel / teja

tuile plate / Biberschwanz / teja plana

tuile ronde / Mönch- und Nonnedachziegel / teja superior, teja de canal

vasque, jet d'eau / Springbrunnen /
surtidor

vitrail / Glasscheibe /
vidrio, hoja de vidrio

volet / Fensterladen /
postigo contra ventana

169

Glossar spanisch / deutsch / französisch

jarón / Gartenurne, Vase / jarre, vase

ladrillos / Backsteine / briques

lavabo / Waschbecken / lavabo

liquidaciones / Haushaltsauflösung / liquidation

losas / Steinplatten / dalles

madera / Gebälk / poutre de charpente

madera / Holz / bois

mampuesto / Naturstein / pierre

mampuesto ordinario / Feldstein / pierre sèche

mármol / Marmor / marbre

matacánes / Katzenkopfpflastersteine /

material de recuperación / historisches Baumaterial / matériaux de démolicion

materiales / Baustoff, Baumaterial / matériaux

mosaico / Mosaik / mosaique

muestra / Messe / foire

muro / Mauer / mur

muro de mampostería / Trockenmauer / mur sèche

objetos históricos, objetos antiguos / antike Materialien / matériaux anciens

objetos usados / Gebrauchtwaren / matériaux usés

páginas amarillas / Gelbe Seiten / pages jaunes

parqué, parquet / Parkett / parquet

pavimente de hormigón colorado / kolorierte Zementfliesen / carreaux au ciment coloré

pavimento / Pflaster / pavé

piedra / Stein / pierre

piedra composita / Konglomeratgestein / pierre composite

piedra de cal / Kalksandstein / calcaire

pila / Wasserbecken / auge, bassin

pilar, pilastra / Pfeiler, Stütze / pilier

piño / Pinie / pin

pizarra, esquisto / Schiefer / chiste

platea / Platte / dalle

portone / Portal / portail

postigo contra ventana / Fensterladen / volet

pozo / Brunnenbecken / puits

puerta / Tür / porte

puerta de entrada principal / Haustür / porte d'entrée

171

puerta de separación / Zimmertür / porte intérieure

quinta / Landhaus / maison de paysan

rastro / An- und Verkauf, Handel mit Gebrauchtwaren / trocante, troc, dépot-vente

reja / Gitter / grille

renovación / Restaurierung, Renovierung / restauration, rénovation

roble / Eiche / chêne

sillar / Werkstein, Haustein, Quaderstein / pierre sculptée, pierre taillie

surtidor / Springbrunnen / vasque

teja / Dachziegel / tuile

teja plana / Biberschwanz / tuile plate

teja superior (Mönch), teja de canal (Nonne) / Mönch- und Nonneziegel / tuile ronde

tejado árabe / römische Dachdeckung mit Mönch- und Nonneziegeln

transportista / Spediteur / transporteur

trastero / Trödler / brocantiste

ventana / Fenster / fenêtre

vestibulo / Diele, Holzdiele / planche

vidrio / Glasscheibe / vitrail

viga / Balken / poûtre

viga de techo / Deckenbalken / solive

Magazine und Bücher

Deutsche Magazine

Architektur und Wohnen mit Ambiente
www.archithema.com
Monatlich, DM 14,00
Anspruchsvolle Wohnzeitschrift

Bellevue
www.bellevue.de
Monatlich, DM 8,50
Europas grösstes Immobilien-Magazin

Casa Deco
www.ipm-verlag.de
4 Ausgaben im Jahr, DM 9,80
Das Magazin für Internationales Interieur und mediterranes Wohnen

Country-Style
www.country-style.de
4 Ausgaben im Jahr, DM 16,00
Das Magazin für Wohnkultur und Lebensart

Country
2 Ausgaben im Jahr, DM 9,80
Die Lust auf dem Land zu leben

Deco Home
Fünf Ausgaben im Jahr, DM 12,80
Internationales Wohnmagazin

el sueño especial
www.hg-hamburg.de
Kundenzeitschrift der Hanseatischen Gesellschaft Hamburg mit aktuellen Informationen von der nördlichen Costa Blanca

Elle Décoration
www.elle.burda.com
Monatlich, DM 9,50
Anspruchsvolle Wohnzeitschrift mit französischem Flair

Homes and Gardens (Deutsche Ausgabe)
Zweimonatlich, DM 9,80
Gärten und Wohnideen

Reviera-Côte d'Azur Zeitung
www.rcZeitung.com
mit Terranée Maisons, Häuser, Case
www.terranee.com
monatlich 20 F / 6000 Lire
Lifestyle & Immobilien in Frankreich, Monaco, Italien

Schöner Wohnen
Monatlich, DM 7,30
Die führende deutschsprachige Wohn- und Einrichtungszeitschrift

Zuhause Wohnen
www.zuhause-wohnen.de
monatlich, DM 5,30
Viele Wohnideen zum Träumen

Französische Magazine

Aladin
Kalendarium der Flohmärkte für private Kunden. Am Kiosk erhältlich.

La Gazette de l'Hôtel Drouot
www.gazette-drouot.com
Erscheint wöchentlich, 14 FF
Magazin der Pariser Commissaires-Priseurs für öffentliche Versteigerungen

Maisons Côté Ouest,
www.coteouest.net
2-monatlich, 35 FF

Maisons Côté Sud
www.cotesud.net
2-monatlich, 35 FF

Maisons Côté Est
www.coteest.net
2-monatlich, 35 F

Maisons de France,
www.maisons-france.com
2-monatlich, 22 F

Spanische Magazine

Antiquaria
C/ Ilagarea, 28
E 28001 Madrid
Einkaufsführer mit Hinweisen auf Antiquariate, die spezielle Architekturelemente anbieten.

Gaceta de Antigüedades,
Trinquete 1
E 28033 Madrid
Zeitung, in der die Verkaufsmessen und Händlermessen angekündigt werden. Kostet im Jahresabonnement 5000 Pesetan.

Bücher und Landkarten

Mittelmeerländer 1:400000
Straßenkarte. Europas beliebtestes Ferien-
gebiet, Kümmerly u. Frey, Bern, 1998

Gérard Anthony
Beautiful French Balconies,
2000 Years of Balconies
Éditions H. Vial, Dourdan

Sophie Bajard und Raffaelo Bencini
Villen und Gärten der Toscana
Paris 1992

Patti Barron
Der mediterrane Garten
Nicolaische Verlagsanstalt, Berlin 2000

Marella Caracciola und Franceso Venturi,
Landsitze und Stadtpalais auf Mallorca
Hamburg 1996

Thomas Drexel
Häuser im Süden, Italien, Frankreich,
Spanien, Richtig kaufen und gekonnt reno-
vieren, Callwey Verlag, München 1999

Thomas Drexel
Der Mittelmeer-Garten – Mediterranes
Flair im eigenen Garten. Planen, gestalten
und pflanzen. Das richtige Ambiente
schaffen, Augustus Verlag München 2000

Luis Elvira, Maria José Rubio Aragonés
Exposición de Rejeria Española, 1991

Wilhelm Fiedler
Das Fachwerkhaus in Deutschland, Frank-
reich und England, Nachdruck der
Originalausgabe von 1903, Reprint Verlag
Leipzig 1995

Florence Gervais
Les Antiquaires du Bâtiment – Éléments
d'architecture - Matériaux anciens - Copies
et rééditions, Guide Eyrolles House Book
Paris 1994

Heidi Gildemeister,
Mediterranes Gärtnern
Berlin 1997

Magda Haase
Gartenelemente nach klassischen
Beispielen, Ulmer, Stuttgart 1991

Catherine Haig
Mediterraner Wohnstil
Kaleidoskopverlag, München, 2000

Wilfried Koch
Baustilkunde – Das Standardwerk zur
europäischen Baukunst von der Antike bis
zur Gegenwart, Orbis Verlag, München
1994

Hans Koepf, Günther Binding
Bildwörterbuch der Architektur, Alfred
Kröner Verlag, Stuttgart, 1999

Theodor Krauth und Franz Sales Meyer
Die Bau- und Kunstarbeiten des Steinhau-
ers, Nachdruck der Originalausgabe von
1896, Edition Libri Rari im Verlag Th.
Schäfer, Hannover 1982

Lisa Lovatt-Smith
Wohnen am Mittelmeer
Christian Verlag, München, 1999

Max Metzger
Die Kunstschlosserei – Eine Darstellung
der gesamten Praxis des modernen Kunst-
schlosserbetriebes. Reprint von 1927, Edition Libri rari im Verlag Th. Schäfer, Hannover, 1986

A. Opderbecke / H. Wittenbecher
Der Steinmetz
Nachdruck der Originalausgabe von 1912,
Reprint-Verlag-Leipzig

Jean-Louis Roger
Les menuiseries en bois: Châssis de
Fenêtres aux XVe, XVIe et XVIIe siècles
Éditions H. Vial, Dourdan

Mila Schrader (Hrsg)
Auf der Suche nach historischen Baumaterialien, Edition :anderweit, Suderburg,
1999

Barbara Segall
Gärten in Spanien und Porugal,
Ein Reiseführer zu den schönsten Gartenanlagen, Birkhäuser, Basel, Boston, Berlin
2000

173

Bildnachweis

174

Impressum

© 2000

Edition :anderweit Verlag GmbH
Hinter den Höfen 7
D 29556 Suderburg

e-mail edition@anderweit.de
www.anderweit.de

175

Gestaltung
Affekt Studios Düsseldorf

Satz
DTP Apple Macintosh

Lithografie
Repro Wuchert Computer
Publishing GmbH, Bochum

**Druck und buchbinderische
Verarbeitung**
Bosch Druck GmbH
Landshut-Ergolding

Printed in Germany

ISBN 3-931824-12-8

EDITION :*anderweit*

Verlag für Bauen mit Patina

**»Auf der Suche nach
historischen Baumaterialien«**
Mila Schrader, Hrsg., 4. aktualisierte
Auflage 1999, 160 S., 231 Abb s/w,
Broschur, Best.-Nr. 22010

Historische Baumaterialien sind Baustoffe aus alter handwerklicher oder
historisch industrieller Fertigung,
d.h. größere, auf Maß gefertigte Einzelteile wie Fenster, Türen, Treppen
und Torbögen, aber auch besonders
kleinformatige Einzelteile, sogenannte Massenbaustoffe, wie Ziegelpro-
dukte, Hölzer aller Art und behauene
Natursteine. Ihr Äußeres dokumentiert ihre Geschichte und Funktion,
ihre Patina ist Zeugnis des Alters
und des Alterns.

Wiederverwendung dieser Materiali-
en, also »Recycling auf höchster
Wertstufe«, sind daher Rettung von
Kulturgut, Schonung von Ressourcen
und Einsparung von knappem
Deponieraum.
Die Vielfalt historischer Baumaterialien, ihre Sicherstellung, Bearbeitung,
Lagerung und Wiederverwendung
werden im Anschluß an eine ein-
führende Materialkunde durch indivi-
duelle Porträts von Mitgliedern des
»Unternehmerverbandes Historische
Baustoffe« e.V dokumentiert. Ihr Wer-
degang, ihre Arbeitsweise, dazu Fotos
von Baustellen, Lagerplätzen, Werk-
stücken und Tagesarbeit lassen Ein-
blick gewinnen in die faszinierende
Welt dieser Spezialisten.
Als Handbuch und Ratgeber soll dieser Band mit mehr als 200 Abbildungen allen Hausbesitzern, Bauherren,
Handwerkern, Architekten und Träu-
mern Mut machen, alte Bausubstanz
zu erhalten und wiederzuverwenden.

ISBN 3-931824-10-1